W0268592

WERKSTATTBÜCHER

FÜR BETRIEBSANGESTELLTE, KONSTRUKTEURE UND FACHARBEITER. HERAUSGEGEBEN VON DR.-ING. H. HAAKE, HAMBURG

Jedes Heft 50—70 Seiten stark, mit zahlreichen Textabbildungen

---

Die Werkstattbücher behandeln das Gesamtgebiet der Werkstatts-technik in kurzen selbständigen Einzeldarstellungen; anerkannte Fachleute und tüchtige Praktiker bieten hier das Beste aus ihrem Arbeitsfeld, um ihre Fachgenossen schnell und gründlich in die Betriebspraxis einzuführen.

Die Werkstattbücher stehen wissenschaftlich und betriebstechnisch auf der Höhe, sind dabei aber im besten Sinne gemeinverständlich, so daß alle im Betrieb und auch im Büro Tätigen, vom vorwärtsstrebenden Facharbeiter bis zum leitenden Ingenieur, Nutzen aus ihnen ziehen können.

Indem die Sammlung so den Einzelnen zu fördern sucht, wird sie dem Betrieb als Ganzem nutzen und damit auch der deutschen technischen Arbeit im Wettbewerb der Völker.

Einteilung der bisher erschienenen Hefte nach Fachgebieten

(Fortsetzung 3. Umschlagseite)

WERKSTATTBÜCHER
FÜR BETRIEBSANGESTELLTE, KONSTRUKTEURE UND FACH-
ARBEITER. HERAUSGEBER DR.-ING. H. HAAKE, HAMBURG
HEFT 86

Feinstarbeit, Rechnen und Messen im Lehren-, Vorrich- tungs- und Werkzeugbau

Von

E. Busch und **F. Kähler †**

Zweite, verbesserte Auflage
(7. bis 12. Tausend)

Mit 107 Abbildungen

Springer-Verlag
Berlin / Göttingen / Heidelberg
1951

Inhaltsverzeichnis.

Alle Rechte, insbesondere das der Übersetzung in fremde Sprachen, vorbehalten.

ISBN 978-3-540-01597-0   ISBN 978-3-642-86691-3 (eBook)
DOI 10.1007/978-3-642-86691-3

Vorwort.

Dieses Büchlein[1] soll dem Feinstarbeiter im Lehren-, Vorrichtungs- und Werkzeugbau bei schwierigen Herstellungs- und Meßvorgängen als Nachschlageheft dienen, ohne ihn mit langwierigen und ermüdenden Studien zu belasten. Der gewandte Facharbeiter wird an Hand der gezeigten Rechnungsgänge und Fertigungsbeispiele in der Lage sein, seine Arbeiten selbständiger durchzuführen. Dadurch wird nicht nur die Zeit der Rückfragen beim Konstruktionsbüro gespart, sondern es werden auch das Interesse des Arbeiters an seiner Arbeit und seine Verantwortungsfreudigkeit gesteigert. In der Praxis des Werkzeugmachers interessieren nur die Längen- und Winkelmessungen und die zu ihrer Ausführung notwendigen Berechnungen, so daß Flächenberechnungen unberücksichtigt bleiben können. Wie aber viele Arbeit im Haushalte unausgeführt bleibt, weil das notwendige Handwerkzeug fehlt oder erst mühsam besorgt werden muß, so bleiben auch viele Fachbücher ungelesen und unverstanden, weil das Handwerkzeug, in diesem Falle das allgemeine Rechnen, nicht oder nicht mehr vorhanden ist. Erfahrungsgemäß wird es notwendig sein, Bruch-, Verhältnis- und Proportionsrechnung, soweit sie für das Fachrechnen in Frage kommen, wieder zu festigen. Das kann durch das Werkstattbuch 63 „Der Dreher als Rechner" geschehen, das in anschaulicher und gründlicher Weise in diese Rechengebiete einführt. In dem vorliegenden Hefte wird der Leser zunächst mit dem mathematischen Stoff vertraut gemacht, den die Schule zum Teil nicht lehrte oder der schon wieder vergessen wurde, dessen Beherrschung aber für das Verständnis des nachfolgenden technischen Teiles und zur Lösung der darüber hinausgehenden Aufgaben der Praxis durchaus nötig ist. Man versäume nicht, die vorbereitenden Abschnitte mit aller Gründlichkeit durchzuarbeiten. Im Gefühle der Sicherheit wird es dann ein leichtes sein, in das Fachrechnen einzudringen. Die rechnerische Fertigkeit läßt sich noch durch das Studium des Werkstattbuches Heft 52 „Technisches Rechnen" erweitern.

I. Mathematischer Teil.

A. Einiges aus der Algebra.

Das Wort Algebra stammt aus dem Arabischen und heißt wörtlich „Wiederherstellung". Man bezeichnet damit die Lehre von den Gleichungen, wie überhaupt das Rechnen mit Buchstaben.

1. Das Bilden der Quadrate.

$$5 \cdot 5 = 25; \quad 9 \cdot 9 = 81; \quad 12 \cdot 12 = 144; \quad 98 \cdot 98 = 9604.$$

In diesen Aufgaben wird ein Malwert (Faktor)[2] mit sich selbst malgenommen. Er ist *zwei*mal als Malwert gesetzt. Das deutet man in der Algebra so an, daß man *hinter* den Malwert *oben* eine *kleiner* geschriebene *Zwei* setzt. Also $5 \cdot 5$ oder 5^2; $9 \cdot 9$ oder 9^2; $14 \cdot 14$ oder 14^2; $1{,}2 \cdot 1{,}2$ oder $1{,}2^2$; $a \cdot a$ oder a^2; $m \cdot m$ oder m^2; $d \cdot d$ oder d^2; $\pi \cdot \pi$ oder π^2. Lies obige Ausdrücke folgendermaßen:

$5^2 =$ „fünf hoch zwei"; $\quad 9^2 =$ „neun hoch zwei"; $\quad a^2 =$ „a hoch zwei" usw.

---

[1] Die erste Auflage dieses Heftes, verfaßt von E. BUSCH und F. KÄHLER †, ist 1941 erschienen. Für die zweite Auflage hat C. BÜTTNER verschiedene Anregungen gegeben, wofür ihm auch an dieser Stelle bestens gedankt sei. Bearbeitet wurde diese Auflage von E. BUSCH.

[2] Der Mathematiker gebraucht meistens die beiden Fremdwörter „Faktor" und „Divisor". Verfasser und Herausgeber dieses Buches schlagen vor und verwenden dafür die deutschen Wörter „Malwert" und „Teiler".

Eine Zahl mit sich selbst malzunehmen kann man auch durch Zeichnung darstellen (Abb. 1).

$5 \cdot 5 =$

Wir zeichnen ein Quadrat, teilen die Seiten in je fünf Teile und ziehen die dadurch möglichen waagerechten und senkrechten Linien. Es ergeben sich 25 kleine Quadrate, was dem Ergebnis von $5 \cdot 5$ entspricht; denn $5 \cdot 5$ ist auch 25.

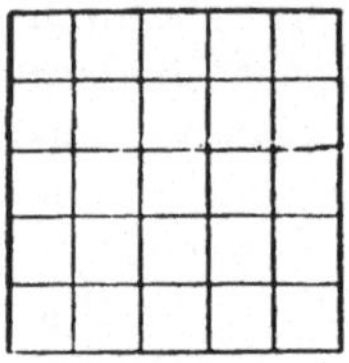

Würden wir die Quadratseiten in 8 Teile teilen, so würden wir $8 \cdot 8 = 64$ kleine Quadrate erhalten.

Da wir das Malnehmen einer Zahl mit sich selbst durch ein Quadrat veranschaulichen können, so nennen wir diesen Rechenvorgarg auch das *Bilden der Quadrate*.

5^2 liest man nicht nur „fünf hoch zwei", sondern auch „5 Quadrat". $9^2 = 9$ Quadrat; $a^2 = a$ Quadrat; $\pi^2 = $ Pi Quadrat; $\pi^2 d^2 = $ Pi Quadrat d Quadrat.

Abb. 1. Darstellung der Bildung der Quadratzahlen.

1. Aufgabe: Lies in doppelter Form:

a) 121^2 b) r^2 c) $18{,}25^2$ d) m^2 e) $\pi^2 d^2$ f) $9{,}06^2$
   d^2 l^2 $1{,}005^2$ $16{,}4^2$ n^2 $195{,}6^2$

Muster: $121^2 = 121$ hoch zwei oder 121 Quadrat.

2. Aufgabe: Wie heißt das Quadrat von

a) 7;   12;   4;   0,2;   1,26;   94,3
b) 3,5   12,9;   8,25;   0,09;   0,3492;   0,0018
c) a; m; $d\pi$; rv; t; p

Muster: $7^2 = 7 \cdot 7 = 49.$ $0{,}029^2 = \dfrac{\begin{array}{r} 0{,}029 \cdot 0{,}029 \\ \hline 261 \\ 58 \\ \hline 0{,}000841 \end{array}}{}$

3. Aufgabe: Lerne die Quadrate von 1 bis 10 auswendig!

1^2; 2^2; 3^2; 4^2; 5^2; 6^2; 7^2; 8^2; 9^2; 10^2
 1 ;   4 ;   9 ;   16 ;   25 ;   36 ;   49 ;   64 ;   81 ;   100

2. Das Ziehen der Quadratwurzel.

$5 \cdot 5 =$

In dieser Aufgabe sind die Malwerte gegeben, und ich soll das Quadrat suchen.

Es kann nun aber auch das Quadrat gegeben sein, und ich soll den Malwert suchen, der mit sich selbst malgenommen wurde. Diesen Malwert nennt man die *Wurzel*. Man sagt, *aus einem gegebenen Quadrat soll die Wurzel gezogen werden.*

Das Zeichen für das Quadratwurzelziehen ist $\sqrt{}$.

Also $\sqrt{25} = 5$; $\sqrt{49} = 7$; $\sqrt{100} = 10$; $\sqrt{1{,}44} = 1{,}2$; $\sqrt{a^2} = a$; $\sqrt{\pi^2 d^2} = \pi d$.

$\sqrt{25} = 5$. Sprich: „Wurzel aus 25 gleich 5".

1. Aufgabe: Lerne auswendig!

$\sqrt{1} = 1$; $\sqrt{4} = 2$; $\sqrt{9} = 3$; $\sqrt{16} = 4$; $\sqrt{25} = 5$; $\sqrt{36} = 6$; $\sqrt{49} = 7$; $\sqrt{64} = 8$; $\sqrt{81} = 9$.

Wir wollen nun auch lernen, Wurzeln aus großen und unbequemen Zahlen zu ziehen.

a) $1 \cdot$ $1 =$ 1 } Einstellige Wurzeln (Malwerte) ergeben also 1- oder
           bis   2stellige Quadrate.
      $9 \cdot$ $9 =$ 81

$$\left.\begin{array}{l} 10 \cdot 10 = 100 \\ 99 \cdot 99 = 9\,801 \end{array}\right\} \text{2stellige Wurzeln ergeben 3- oder 4stellige Quadrate.}$$

$$\left.\begin{array}{l} 100 \cdot 100 = 10\,000 \\ 999 \cdot 999 = 998\,001 \end{array}\right\} \text{3stellige Wurzeln ergeben 5- oder 6stellige Quadrate.}$$

Umgekehrt können wir dann aber auch sagen:

1- oder 2stellige Quadrate ergeben 1stellige Wurzeln

3- „   4 „   „   „   2 „   „

5- „   6 „   „   „   3 „   „

usw.

So kann man einer Zahl sofort ansehen, wievielstellig die Wurzel wird. Ich teile sie durch kleine Striche in Gruppen von je 2 Stellen ab; soviel Gruppen es werden, soviel Stellen bekommt die Wurzel.

Beginne bei dem Gruppenabstreichen jedoch stets bei den Einern bzw. bei dem Komma, z. B.

$$\sqrt{19\,463} = \sqrt{1|94|63}; \qquad \sqrt{7\,296\,854} = \sqrt{7|29\,68|54}; \qquad \sqrt{624{,}19857} = \sqrt{6|24{,}|19\,85|7}.$$

2. Aufgabe: Teile in Gruppen

$$\sqrt{186\,259} \qquad \sqrt{40\,639{,}271} \qquad \sqrt{0{,}003914} \qquad \sqrt{82{,}00391} \qquad \sqrt{71\,624{,}689} \qquad \sqrt{1374{,}63915}.$$

(Falls ein Dezimalbruch in Gruppen zu teilen ist, kommt der erste Strich dahin, wo das Komma ist; dann wird nach rechts und links hin weiter gruppiert.)

Merke: Um die Quadratwurzel ziehen zu können, teile ich die gegebene Zahl von den Einern bzw. vom Komma aus in Gruppen zu je 2 Ziffern.

b) Wir wollen von der 14 das Quadrat bilden!

Die Zahl 14 zerlegen wir vorteilhaft in 10 und 4 (s. Abb. 2). Strecke dh sei 10 lang; Strecke hc sei 4 lang. Ziehen wir nun zu den Quadratseiten parallel die Seiten gh und ei, so wird das Quadrat $abcd$ in 4 Teile zerlegt; es entstehen ein großes Quadrat, ein kleines Quadrat und 2 Rechtecke, die gleich groß sind.

Die Seiten des großen Quadrats sind 10 lang; das Quadrat ist demnach $10 \cdot 10$ oder 10^2.

Die Seiten des kleinen Quadrats sind 4 lang; das Quadrat ist demnach $4 \cdot 4$ oder 4^2.

Die Seiten eines Rechtecks sind 10 und 4 lang. Der Inhalt ist demnach $10 \cdot 4$. Da zwei solcher Rechtecke vorhanden sind, sind beide zusammen $2 \cdot 10 \cdot 4$ groß.

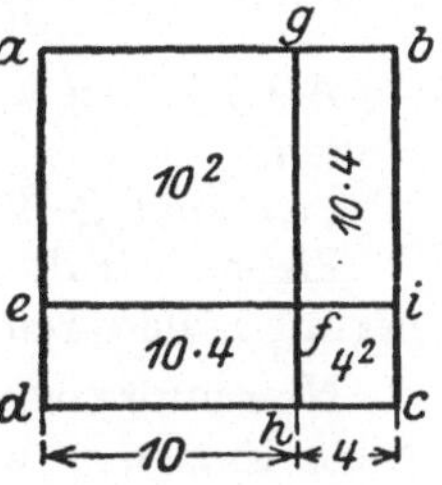

Abb. 2. Die Teile eines Quadrates, wenn $s = 10 + 4$ ist.

In Abb. 3 haben wir statt *bestimmter* Zahlen *allgemeine* Zahlen, also Buchstaben, gesetzt. Es entstehen dieselben Teile. Sie heißen diesmal a^2, b^2 und 2mal ab, kurz $2ab$.

Diese vier Stücke sind in *jedem* Quadrat enthalten.

Merke: *Jedes Quadrat enthält* $a^2 + b^2 + 2ab$

oder anders geordnet: $a^2 + 2ab + b^2$.

Sind diese Stücke in jedem Quadrat enthalten, so können wir sie auch herausholen oder herausziehen! *Das ist die Kunst des Quadratwurzelziehens, daß wir nach der Formel* $a^2 + 2ab + b^2$ *ein Stück nach dem andern aus dem gegebenen Quadrate herausziehen, fortnehmen, abziehen.*

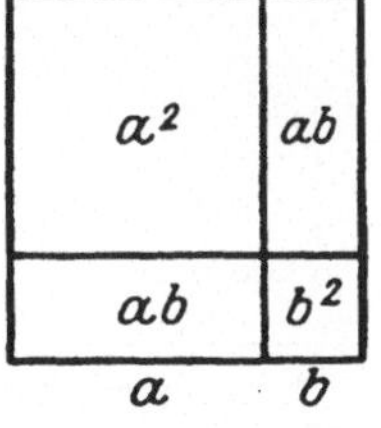

Abb. 3. $s = a + b$

Beispiel 1. Wie heißt die Wurzel des Quadrates 8836 ?

$\sqrt{8836}$. Wir teilen in Gruppen ab, also $\sqrt{88|36}$, und wissen jetzt schon, daß als Wurzel eine zweistellige Zahl herauskommen muß. Jetzt suchen wir aus der

1. Gruppe (88) a^2 heraus, um es von der Zahl abzuziehen. Da die Zahl 88 heißt, kann a^2 nur 81 sein; denn dås nächste Quadrat wäre 100, das können wir schon nicht mehr abziehen.

Die Wurzel aus 81 heißt 9. $a*$ ist also 9. (Siehe 1. Aufgabe). Das schreibt man so auf

$$\overset{a}{\sqrt{88|36}=9}$$
$$a^2 = \underline{81}$$
$$7$$

Sprich: Wurzel aus 88 = 9; denn $9 \cdot 9 = 81$. a ist also 9; a^2 ist 81. Wir ziehen a^2 (81) ab; es bleibt 7.

Wie bei einer Teilungsaufgabe holen wir nun die nächste Stelle, das ist die 3, herunter; also

$$\overset{a}{\sqrt{88|36}=9}$$
$$a^2 = \underline{81}$$
$$73$$

Jetzt müssen wir die beiden Rechtecke (s. Abb. 3), das ist $2\,a\,b$, abziehen.

a kennen wir schon; $a =$ ist ja = 9; $2\,a$ sind also 18. b ist mir noch unbekannt. Wir finden b, wenn wir 73 durch 18 teilen; denn ein unbekannter Malwert wird gefunden, wenn man durch den bekannten Malwert teilt (s. Werkstattbuch 63, S. 21).

Also:
$$\overset{a\ \ b}{\sqrt{88|36}=9\ 4}$$
$$a^2 = \underline{81}$$
$$73 : 18 \text{ (das ist } 2\,a)$$
$$2\,a\,b = \underline{72}$$
$$16$$

Als b haben wir eine 4 erhalten. Da jetzt b bekannt ist, können wie $2\,a\,b$ abziehen.

$2\,a\,b$ sind $2 \cdot 9 \cdot 4 = 72$.

Ziehen wir die 72 von 73 ab, so bleibt als Rest eine 1. Jetzt holen wir die 6 herunter, dadurch erhalten wir 16.

Nun muß noch b^2 abgezogen werden. Da $b = 4$ ist, so ist $b^2 = 4^2 = 4 \cdot 4 = 16$. Diese 16 ziehen wir von der 16 ab; als Rest bleibt 0. Die Aufgabe „ging auf". Die Wurzel aus der Quadratzahl 8836 heißt somit 94. Die ganze Lösung sieht demnach so aus:

$$\overset{a\ \ b}{\sqrt{88|36}=9\ 4}$$
$$a^2 = \underline{81}$$
$$73 : 18 \text{ (das sind } 2\,a)$$
$$2\,a\,b = \underline{72}$$
$$16$$
$$b^2 = \underline{16}$$
$$0$$

---

* Mathematisch genau ist $a = 90$, denn die 81 sind Hunderter und die Wurzel daraus muß zweistellig werden (vgl. S. 5). Das Weglassen der 0 ist eine Vereinfachung. Ebenso müßten im nächsten Satz der 90 entsprechend die beiden Ziffern 36 zusammen heruntergeholt und 736 durch 180 (= $2\,a$) geteilt werden (vgl. Abb. 2 u. 3). Auch hier arbeitet man mit der Vereinfachung und teilt 73 : 18. Wenn man sich dieser vereinfachten Ausführung bewußt ist, so ist sie durchaus zulässig.

Beispiel 2. Wie heißt die Quadratwurzel aus 3249?

$$\overset{\;\;\;\;\;\;\;\;\;\;\;\;\; a \;\; b}{\sqrt{32|49} = 5 \; 7}$$

$$
\begin{aligned}
a^2 &= 25 \\
&\overline{74} : 10 \text{ (das ist } 2a) \\
2ab &= 70 \\
&\overline{49} \\
b^2 &= 49 \\
&\overline{0}
\end{aligned}
$$

1. Abteilen in Gruppen (s. oben!).

2. Zuerst den Wert für a^2 abziehen, dann für $2ab$, zuletzt für b^2. a muß 5 sein; denn 6 wäre schon zu hoch, da $6 \cdot 6 = 36$ ist. 36 ist von 32 aber nicht abzuziehen. Um von 74 die $2ab$ abziehen zu können, muß erst wieder b gefunden werden. Wir teilen zu diesem Zwecke durch $2a$. Da $a = 5$ ist, so sind $2a = 10$. $74 : 10 = 7$; folglich ist $b = 7$. Das schreiben wir oben hinter die Gleichheitsstriche nach der 5 usw.

Beispiel 3.

$$\overset{\;\;\;\;\;\;\; a \, b}{\sqrt{3|24} = 1}$$

$$
\begin{aligned}
a^2 &= 1 \\
&\overline{22} : 2 \text{ (das ist } 2a)
\end{aligned}
$$

Als b würden wir eine 11 erhalten. Das geht natürlich nicht. Wie bei Teilaufgaben kann nie mehr als 9 herauskommen! Nehmen wir an, es ginge 9mal.

$$\overset{\;\;\;\;\;\;\;\; a \;\; b}{\sqrt{3|24} = 1 \; 9}$$

$$
\begin{aligned}
a^2 &= 1 \\
&\overline{22} : 2 \\
2ab &= 18 \\
&\overline{44} \\
b^2 &= 81 \text{ (geht nicht abzuziehen).}
\end{aligned}
$$

$2ab$ konnte ich abziehen; es blieb noch ein Rest von 4, der nach dem Herunterholen der 4 zu 44 wird. Von dieser Zahl ist noch b^2, also $9 \cdot 9 = 81$, abzuziehen. Das ist nicht möglich. Folglich ist die 9 als b zu hoch.

Für $22 : 2$ dürfen wir hier nur 8 nehmen!

$$\overset{\;\;\;\;\;\;\;\; a \;\; b}{\sqrt{3|24} = 1 \; 8}$$

$$
\begin{aligned}
a^2 &= 1 \\
&\overline{22} : 2 \text{ (das ist } 2a) \\
2ab &= 16 \\
&\overline{64} \\
b^2 &= 64 \\
&\overline{0}
\end{aligned}
$$

Merke: Das b^2 muß *bestimmt* abgezogen werden können. Ist das manchmal nicht der Fall, so müssen wir das b kleiner nehmen!

3. Aufgabe: Suche die Quadratwurzel aus

a) 5329   b) 7921   c) 5625   d) 7744   e) 9801   f) 3721

Beispiel 4.
$$\sqrt{1|53|76} = \overset{a}{1}\,\overset{b}{2}\,\overset{b}{4}$$

$$
\begin{aligned}
a^2 &= \underline{1} \qquad \smile{a}\\
&\quad\ 05:2 \ \text{(das ist } 2a)\\
2ab &= \underline{\ 4}\\
&\quad\ 13\\
b^2 &= \underline{\ 4}\\
&\quad\ 97:24 \ \text{(das ist } 2a)\\
2ab &= \underline{\ 96}\\
&\quad\ 16\\
b^2 &= \underline{\ 16}\\
&\quad\ \ 0
\end{aligned}
$$

1. Abteilen in Gruppen. An der Zahl der Gruppen erkennen wir bereits, daß das Ergebnis aus drei Ziffern bestehen wird.

2. Nachdem $b^2 = 4$ von 13 abgezogen worden ist, bleibt ein Rest von 9. Die Lösung ist aber noch nicht beendet. Aus der 3. Gruppe (76) muß noch die 3. Stelle der Wurzel gefunden werden. Diese 3. Stelle nennen wir wieder b. Die bisher gefundenen Stellen fassen wir zusammen und nennen jetzt die 12 das a.

$2a$ sind demnach 24. Um das neue b zu finden, teilen wir die 97 durch 24, das ist 4. Das neue b heißt also 4. Nun können wir wieder $2ab$, nämlich $2 \cdot 12 \cdot 4 = 96$ abziehen Es bleibt 1. Nach Herunterholen der 6 wird es 16. Davon ist b^2, das ist $4 \cdot 4 = 16$, abzuziehen. Die Lösung „geht auf".

Beispiel 5.
$$\sqrt{95|64|84} = \overset{a}{9}\,\overset{b}{7}\,\overset{b}{8}$$

$$
\begin{aligned}
a^2 &= \underline{81} \qquad \smile{a}\\
&\quad\ 146:18 \ \text{(das ist } 2a)\\
2ab &= \underline{126}\\
&\quad\ 204\\
b^2 &= \underline{\ 49}\\
&\quad\ 1558:194 \ \text{(das ist } 2a)\\
2ab &= \underline{1552}\\
&\quad\ \ 64\\
b^2 &= \underline{\ 64}
\end{aligned}
$$

1. Gruppen abteilen.

2. Man könnte zunächst annehmen, $146:18$ ginge 8mal; denn $8 \cdot 18$ ist 144. Es bliebe Rest 2, die nach dem Herunterholen der 4 zu 24 wird. Von 24 ist jedoch $b^2 = 64$ nicht abzuziehen. Also ist b nicht 8, sondern 7 (s. Beispiel 3).

Beispiel 6.
$$\sqrt{57|19|89|69} = \overset{a}{7}\,\overset{b}{5}\,\overset{b}{6}\,\overset{b}{3}$$

$$
\begin{aligned}
a^2 &= \underline{49}\\
&\quad\ 81:14 \ (2a)\\
2ab &= \underline{70}\\
&\quad\ 119\\
b^2 &= \underline{\ 25}\\
&\quad\ 948:150 \ \text{(das ist } 2a)\\
2ab &= \underline{900}\\
&\quad\ 489\\
b^2 &= \underline{\ 36}\\
&\quad\ 4536:1512 \ \text{(das ist } 2a)\\
2ab &= \underline{4536}\\
&\quad\ \ 09\\
b^2 &= \underline{\quad 9}
\end{aligned}
$$

1. Gruppen abteilen.

2. Die Wurzel wird 4stellig. Nachdem zum erstenmal b^2 abgezogen wurde, sind, um das neue b zu finden, die 7 und die 5 zusammenzufassen und a zu nennen. $2a$ also $= 150$.

3. Diese Zusammenfassung ist noch einmal zu wiederholen, um die letzte Wurzelstelle zu finden, und zwar sind diesmal drei Stellen zum neuen a zu vereinigen. $a = 756$; $2a = 1512$ usw.

Vergiß nicht, nach jedem Abziehen eine neue Stelle herunterzuholen.

Sind in andern Aufgaben noch mehr Gruppen vorhanden, so erfolgen immer wieder die Zusammenziehungen, um den neuen Teiler zu erhalten.

4. Aufgabe: Wie heißt die Quadratwurzel aus

a) 61 009	c) 298 116	e) 582 169
b) 956 484	d) 104 976	f) 54 756

Alle Lösungen gingen bisher auf. Das wird in der Praxis meistens nicht der Fall sein. Das macht die Lösung aber nicht schwieriger. Der Weg bleibt derselbe. Auch das Auftreten von Dezimalbrüchen ändert den Gang der Rechnung nicht, nur ist zur rechten Zeit das Komma zu setzen. Einige Beispiele mögen folgen.

Beispiel 7.

$$\sqrt{4|62,|91} = \overset{a\ \ b\ \ \ b\ \ \ b\ \ \ b}{2\ 1,\ 5\ 1\ 5}$$

$$
\begin{array}{ll}
a^2 = & 4 \\
\hline
 & 06 : 4\,(\text{d. i. } 2a) \\
2ab = & 4 \\
\hline
 & 22 \\
b^2 = & 1 \\
\hline
 & 219 : 42 \ (\text{das ist } 2a) \\
2ab = & 210 \\
\hline
 & 91 \\
b^2 = & 25 \\
\hline
 & 660 : 430 \ (\text{das ist } 2a) \\
2ab = & 430 \\
\hline
 & 2300 \\
b^2 = & 1 \\
\hline
 & 22990 : 4302 \ (\text{das ist } 2a) \\
2ab = & 21510 \\
\hline
 & 14800 \\
b^2 = & 25 \ \ \text{usw.}
\end{array}
$$

1. Gruppen abteilen, *vom Komma aus* nach links und rechts!

2. Zur rechten Zeit das Komma setzen, d. h. dann, wenn ich die erste Stelle nach dem Komma herunterhole!

3. Die Lösung geht nicht auf; es wird fast stets genügen, wenn wir bis 3 Stellen nach dem Komma rechnen.

4. Enthält die gegebene Zahl *nach* dem Komma nicht genug Stellen, so hole ich die Nullen herunter. Durch Anhängen von Nullen kann man sich ja einen Dezimalbruch beliebig verlängern.

Beispiel 8.

$$\overset{\;\;\;\;a\;\;b\;\;b}{\sqrt{28} = 5,\;2\;9}$$

$$
\begin{aligned}
a^2 &= 25 \quad\;\; \overset{\smallsmile}{a}\\[-2pt]
&\overline{30:10 \text{ (das ist } 2a)}\\
2ab &= 20\\[-2pt]
&\overline{100}\\
b^2 &= \;\;\;4\\[-2pt]
&\overline{960:104 \text{ (das ist } 2a)}\\
2ab &= 936\\[-2pt]
&\overline{240}\\
b^2 &= \;\;81\\[-2pt]
&\overline{159}\;\; \text{usw.}
\end{aligned}
$$

1. Die 28 denke ich mir als Dezimalbruch geschrieben, d. h. ich setze ein Komma und schreibe beliebig viel Nullen dahinter. Also 28,|00|00|00. Nun hole ich stets Nullen herunter.

2. 30:10 geht nicht 3mal! (Siehe Beispiel 3.)

5. Aufgabe: Suche die Quadratwurzel aus

a) 7,1468   b) 69   c) 2   d) 3,14   e) 2,56   f) 1468,5
g) 92,6   h) 7   i) 3   k) $9\tfrac{4}{5}$ l) $216\tfrac{3}{4}$ m) $8\tfrac{1}{3}$

Ein gemeiner Bruch wird vorher zum Dezimalbruch gemacht. Statt Wurzel aus $3\tfrac{1}{2}$ also $\sqrt{3,5}$; statt $\sqrt{9\tfrac{4}{5}} = \sqrt{9,8}$ usw.

(Über Verwandeln von gemeinen Brüchen in Dezimalbrüche s. Werkstattbuch 63, S. 11.)

Beispiel 9.

$$\overset{\;\;\;\;\;\;\;\;\;\;\;\;\;\;\;\;a\;\;b}{\sqrt{23|04|00|00} = 4\;8\;0\;0}$$

$$
\begin{aligned}
a^2 &= 16\\[-2pt]
&\overline{70:8 \text{ (das ist } 2a)}\\
2ab &= 64\\[-2pt]
&\overline{64}\\
b^2 &= 64\\[-2pt]
&\overline{0}
\end{aligned}
$$

1. Gruppen abteilen.

2. Nach der zweiten Gruppe ging die Wurzel bereits auf. Es sind aber noch 2 Gruppen, die *nur Nullen* aufweisen, zu erledigen. Jede dieser Gruppen ergibt als Wurzel eine *Null*, so daß das Endergebnis nicht 48 heißen darf, sondern 4800!

Beispiel 10.

$$\overset{\;\;\;\;\;\;\;\;\;\;\;\;\;\;\;\;\;\;a\;\;b\;\;b}{\sqrt{0,|00|00|03|92} = 0,\;0\;0\;1\;9}$$

$$
\begin{aligned}
a^2 &= 1\\[-2pt]
&\overline{29:2 \text{ (das ist } 2a)}\\
2ab &= 18\\[-2pt]
&\overline{112}\\
b^2 &= \;\;81\\[-2pt]
&\overline{31}\;\; \text{usw.}
\end{aligned}
$$

1. Gruppen abteilen.

2. Jede Gruppe muß eine Stelle für die Wurzel ergeben. Die Wurzel aus den 0 Ganzen ist Null, also 0, .

Aus den ersten beiden Gruppen nach dem Komma ergeben sich auch Nullen, und zwar aus jeder Gruppe *eine* Null, also 0,00.

Jetzt erst beginnt das Wurzelziehen nach gewohnter Weise.

6. Aufgabe: Ziehe die Quadratwurzel aus
a) 640 000   b) 28 090 000   c) 16 900   d) 0,0058   e) 0,0000914 f) 0,00245

Beispiel 11. $\sqrt{z} =$ (Setze für $z = 56{,}2$ ein.) Also

$$\sqrt{56{,}2} = \overset{a\ \ b\ \ b\ \ b}{7,\ 4\ 9\ 6}$$

$$a^2 = 49$$

$$72 : 14$$

$$2ab = 56$$

$$160$$

$$b^2 = 16$$

$$1440 : 148 \ \text{(das ist } 2a)$$

$$2ab = 1332$$

$$1080$$

$$b^2 = 81$$

$$9990 : 1498 \ \text{(das ist } 2a) \ \text{usw.}$$

Beispiel 12. $7{,}4 \ \sqrt{d} =$ (Für d setze 39 ein.)

Also $7{,}4 \ \sqrt{39} = $, d.h. das Ergebnis aus $\sqrt{39}$ soll mit 7,4 malgenommen werden. Das Malzeichen (·) wird ja in der Algebra meistens nicht gesetzt.

$$\sqrt{39} = \overset{a\ \ b\ \ b\ \ b}{6,\ 2\ 4\ 4}$$

$$a^2 = 36$$

$$30 : 12$$

$$2ab = 24$$

$$60$$

$$b^2 = 4$$

$$560 : 124$$

$$2ab = 496$$

$$640$$

$$b^2 = 16$$

$$6240 : 1248 \ \text{usw.}$$

Das Ergebnis 6,244 ist nun mit 7,4 malzunehmen.

$$\begin{array}{r} 6{,}244 \\ \times\ 7{,}4 \\ \hline 2\ 4976 \\ 43\ 708 \\ \hline 46{,}2056 \end{array}$$

7. Aufgabe: Löse folgende Aufgaben:
a) $\sqrt{x} =$ (Für x setze 74,1); c) $\sqrt{r} =$ (Für r setze 119); e) $7 \ \sqrt{d} =$ (d sei 28)
b) $\sqrt{p} = ($ „ p „ 126); d) $\sqrt{b} = ($ „ b „ 84,2); f) $4{,}2 \ \sqrt{d} = ($$d$ „ 94)
Beachte beim Quadratwurzelziehen folgendes:
1. Teile richtig in Gruppen ab!
2. Vergiß das Herunterholen neuer Stellen nicht!
3. b^2 muß stets abzuziehen sein!
4. Setze das Komma zur rechten Zeit!

3. Etwas von den Gleichungen. $25 + 19 = 44$. Diesen Ausdruck wird der Leser eine *gelöste Aufgabe* nennen. Der Mathematiker nennt ihn eine *Gleichung*. Zwei Gleichheitsstriche verbinden die *linke* und die *rechte* Seite einer Gleichung. Beide Seiten müssen ihrem Werte nach vollständig gleich sein. *Verändere ich eine Seite einer Gleichung, so muß die andere Seite dieselbe Änderung erfahren,* sonst würde es keine *Gleichung* bleiben; rechte und linke Seite würden in ihrem Werte nicht mehr übereinstimmen. Verkleinere ich z. B. vorstehende Gleichung auf der linken Seite um 10, so muß von der rechten Seite ebenfalls 10 abgezogen werden. Also $25 + 19 - 10 = 44 - 10$. Jetzt ist es eine Gleichung geblieben; denn der Wert beider Seiten beträgt 34.

$x + 35 = 54$. Auch das ist eine Gleichung. Sie unterscheidet sich von der zuerst angeführten dadurch, daß *eine* Zahlengröße ihrem Werte nach *nicht bekannt* ist, während die anderen Werte ziffernmäßig bekannt sind. *Die Gleichung hat also eine Unbekannte.* Sie heißt x. Ebensogut könnte natürlich eine andere allgemeine Zahl, d. h. ein anderer Buchstabe, gewählt werden. Doch ist es in der Algebra üblich, die Unbekannte durch x zu bezeichnen.

Eine Gleichung, in der eine Größe unbekannt ist, muß gelöst werden: der Wert dieser Größe muß ziffernmäßig festgestellt werden. Gelöst ist eine solche Gleichung dann, wenn x auf der einen Seite der Gleichung, sei es links oder rechts, allein steht, während alle anderen Größen Platz auf der anderen Seite gefunden haben.

So wollen wir nun die *einfachsten* Gesetze kennenlernen, nach denen wir das dem x anhaftende Beiwerk entfernen!

a) $8x = 56$. In dieser Aufgabe ist x mit dem Malwert 8 behaftet. Soll der Malwert 8 auf der linken Seite verschwinden, so muß die linke Seite durch 8 *geteilt* werden; also $\frac{8x}{8}$. Nun kann 8 gegen 8 gekürzt werden. Es bleibt x.

Aber auch die *rechte* Seite muß dann durch 8 *geteilt* werden; also $\frac{56}{8}$. Die Gleichung heißt jetzt $x = \frac{56}{8}$.

Der auf der linken Seite untergetauchte Malwert 8 ist auf der anderen Seite als Teiler wieder erschienen.

1) $12x = 72$ 2) $5x = 105$ 3) $1{,}2x = 8{,}4$ 4) $mx = d$ 5) $brx = v + d$

$x = \frac{72}{12}$ $x = \frac{105}{5}$ $x = \frac{8{,}4}{1{,}2}$ $x = \frac{d}{m}$ $x = \frac{v + d}{br}$

$x = 6$ $x = 21$ $x = 7$

1. Aufgabe: Löse nach vorstehenden Mustern:

a) $tx = d$ $5x = 40$ $7x = 63$ $6{,}4x = 2{,}56$ $8{,}5x = 35$

b) $32x = 48$ $3{,}2x = 125{,}4$ $12{,}5x = 69{,}42$ $rx = m - z$ $dx = 8m$

b) $\frac{x}{9} = 63$. Das x ist diesmal mit dem Teiler 9 verknüpft. Soll diese 9 verschwinden, so muß die linke Seite mit 9 malgenommen werden, also $\frac{x \cdot 9}{9}$. Nun ist 9 gegen 9 zu kürzen, und es bleibt nur x.

Die rechte Seite muß jetzt ebenfalls mit 9 malgenommen werden. Sie heißt dann $63 \cdot 9$. Also $x = 63 \cdot 9$. Verschwindet auf der *einen* Seite ein Teiler, so taucht er auf der *anderen* Seite als Malwert auf.

Regel: *Ein Malwert auf der einen Seite wird zum Teiler auf der anderen Seite.*

Ein Teiler auf der einen Seite wird zum Malwert auf der anderen Seite.

1) $\frac{x}{3} = 4$ 2) $\frac{x}{16} = 5$ 3) $\frac{x}{a} = m$ 4) $\frac{x}{2r} = \pi$ 5) $\frac{x}{6z} = 1{,}2\,r$

$x = 4 \cdot 3$ $x = 5 \cdot 16$ $x = ma$ $x = \pi \cdot 2r$ $x = 1{,}2\,r \cdot 6z$

$x = 12$ $x = 80$ oder $x = am$ $x = 2r\pi$ $x = 7{,}2\,rz$

2. Aufgabe: Löse nach vorstehenden Mustern:

a) $\frac{x}{7} = 4$ $\frac{x}{8} = 2{,}5$ $\frac{x}{1{,}4} = 4{,}6$ $\frac{x}{9{,}5} = 7$ $\frac{x}{1{,}57} = 2{,}316.$

b) $\frac{x}{a} = d$ $\frac{x}{g} = mr$ $\frac{x}{v} = 3d$ $\frac{x}{rz} = 8v$ $\frac{x}{bm} = 4d.$

c) $\frac{x}{2a} = 8r$ $\frac{x}{2{,}5r} = 3h$ $\frac{x}{1{,}4a} = bd$ $\frac{x}{5{,}1m} = rn$ $\frac{x}{3{,}75} = 1{,}2\,dr.$

c) $\dfrac{54}{x} = 6.$ In dieser Gleichung steht x im Nenner. Aus diesem muß es zunächst herausgeschafft werden. Das wird uns nicht schwer fallen; wir brauchen es nur auf die andere Seite zu schaffen; dort wird es laut unserer Regel zum Malwert. Also $\dfrac{54}{x} = 6$; folglich $54 = 6 \cdot x$. Das x ist jetzt zwar eine *ganze* Zahl geworden; aber es hat einen Malwert bei sich, der entfernt werden muß. Der Malwert 6 wird auf die andere Seite als Teiler gebracht. Nun ist die Gleichung gelöst. Also

$$1.\ \frac{54}{x} = 6 \qquad 2.\ \frac{42}{x} = 21 \qquad 3.\ \frac{a}{x} = b \qquad 4.\ \frac{mn}{x} = r \qquad 5.\ \frac{gv}{x} = 5d$$

$$54 = 6x \qquad 42 = 21 \cdot x \qquad a = bx \qquad mn = rx \qquad = 5dx$$

$$\frac{54}{6} = x \qquad \frac{42}{21} = x \qquad \frac{a}{b} = x. \qquad \frac{mn}{r} = x. \qquad \frac{gv}{5d} = x.$$

$$9 = x. \qquad 2 = x.$$

Regel: *Das x wird aus dem Nenner gebracht, indem es auf die andere Seite als Malwert gesetzt wird.*

3. Aufgabe:

$$\text{a)}\ \frac{65}{x} = 5 \qquad \text{b)}\ \frac{s}{x} = t \qquad \text{c)}\ \frac{rm}{x} = 8{,}1\,z \qquad \text{d)}\ \frac{u}{x} = rm \qquad \text{e)}\ \frac{6\,bd}{x} = 5{,}4\,e$$

$$\frac{81}{x} = 27 \qquad \frac{4{,}5}{x} = 9 \qquad \frac{3\,d}{x} = 2{,}4 \qquad \frac{28\,r}{x} = 3\,dz \qquad \frac{12{,}4}{x} = 31$$

B. Einiges aus der Geometrie und Trigonometrie.

Geometrie (griechisch, Erdmessung, vgl. Geometer = Landmesser) ist allgemein die Lehre von den Eigenschaften der räumlichen Gebilde. Der Teil der Geometrie, der uns lehrt, das Dreieck nach Seiten, Winkeln usw. zu berechnen, wird Trigonometrie genannt. Das Wort Trigonometrie setzt sich aus den Wörtern Tri-gono-metrie zusammen. „Tri" heißt drei (*Trio, Triangel, Trikolore*), „Gono" heißt Winkel; „metrie" bedeutet messen. Trigonometrie heißt demnach wörtlich: Dreiwinkel messen. Ein „Dreiwinkel" ist ein Dreieck.

4. Winkel im allgemeinen und Winkelmaße. Zwei Linien können mit überall gleichem Abstand nebeneinander gezeichnet sein: man sagt dann, sie laufen *parallel* (Abb. 4).

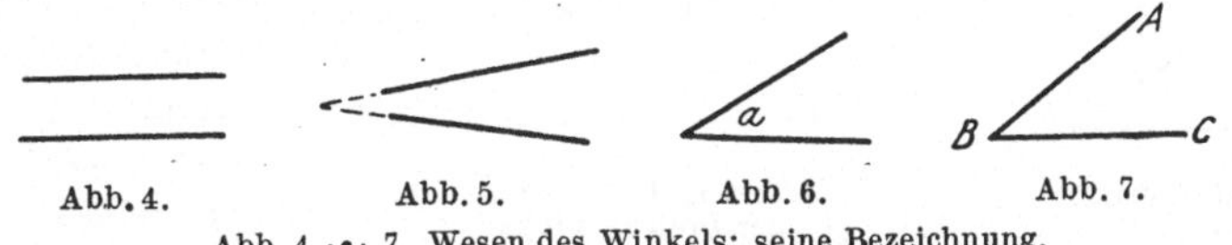

Abb. 4 · 7. Wesen des Winkels; seine Bezeichnung.

Zwei Linien können auch so nebeneinander herlaufen, daß sie sich bei genügender Verlängerung schneiden (Abb. 5). Treffen sie sich, so nennt man den Raum, den die beiden Linien einschließen, einen *Winkel*. Die Linien selbst nennt man Schenkel, der Schnittpunkt heißt Scheitelpunkt (Abb. 6 u. 7). Einen Winkel benennt man durch einen Buchstaben, den man in den Winkel hineinsetzt (Abb. 6, sprich: Winkel a), oder durch drei Buchstaben. Dann nennt man den Buchstaben am Scheitelpunkt in der Mitte (Abb. 7), also Winkel ABC oder Winkel CBA. Das Zeichen für Winkel ist $\not\subset$ (z. B. $\not\subset ABC$ oder $\not\subset a$).

Die Größe eines Winkels kann man durch die Größe des Kreisbogens angeben, den man zwischen seine Schenkel mit dem Scheitelpunkt als Mittelpunkt dieses Kreises schlagen kann (Abb. 8). Um den vollen Winkel (Abb. 8f) kann man einen vollen Kreis schlagen. Diesen Kreis, der zum Bestimmen der Winkelgröße dient, hat man in 360 Teile eingeteilt. Jeden Teil davon nennt man 1 Grad (das Zeichen dafür: 1°). Jeden Grad hat man wieder in 60 Minuten geteilt (Zeichen: 60′); jede Minute hat 60 Sekunden (Zeichen: 60″). Ein Vollwinkel hat demnach 360°, ein gestreckter Winkel 180° (Halbkreis), ein rechter Winkel 90° (Viertelkreis); ein

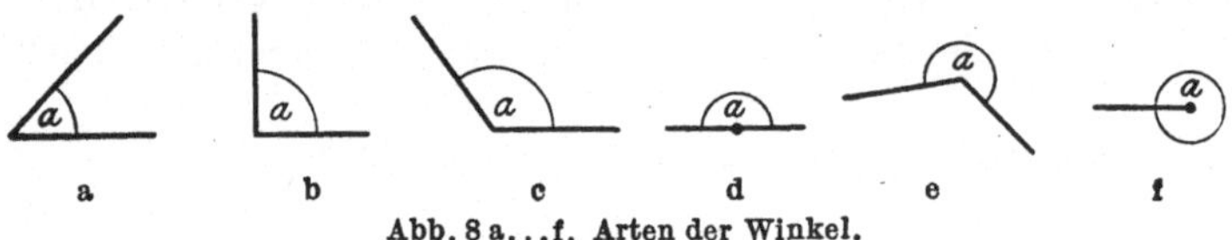
Abb. 8 a...f. Arten der Winkel.

spitzer Winkel hat unter 90°, ein stumpfer über 90°, aber unter 180°, ein überstumpfer über 180°, aber unter 360°. Bei einem *rechten* Winkel sagt man: „Der eine Schenkel steht *senkrecht* auf dem andern.“ Demnach ist eine *Senkrechte* eine Linie, die mit einer andern einen rechten Winkel bildet.

5. Wechselwinkel an geschnittenen Parallelen. In Abb. 9 laufen die Seiten m und n parallel und werden von der Geraden v geschnitten. Es entstehen viele Winkel.

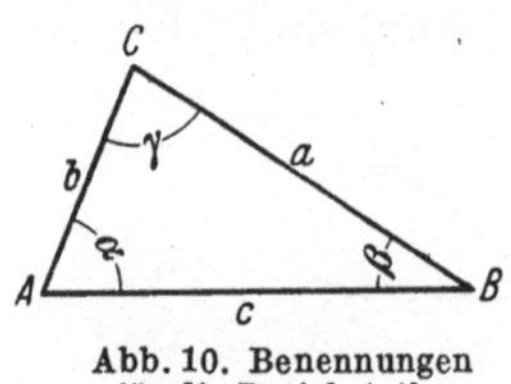
Abb. 9. Wechselwinkel.

Die Winkel a und d nennt man Wechselwinkel, da der eine *links*, der andere *rechts* liegt, der eine *unter* der Parallelen, der andere *über* der Parallelen.

Lehrsatz: Wechselwinkel an geschnittenen Parallelen sind gleich groß.

Behauptung: $\sphericalangle a = \sphericalangle d$.

Beweis: $\sphericalangle a$ ergänzt $\sphericalangle b$ zu 180°; $\sphericalangle c$ ergänzt ebenfalls $\sphericalangle b$ zu 180°; folglich ist $\sphericalangle a = \sphericalangle c$. Der $\sphericalangle c$ ist aber gleich $\sphericalangle d$, weil ja ein Schenkel in der gemeinsamen Seite v liegt und die andern beiden Schenkel parallel laufen. Folglich auch $\sphericalangle a = \sphericalangle d$.

6. Das Dreieck im allgemeinen. Drei Seiten schließen drei Winkel ein. Das Zeichen für Dreieck ist $\triangle$. Die in Abb. 10 angegebenen Benennungen sind üblich.

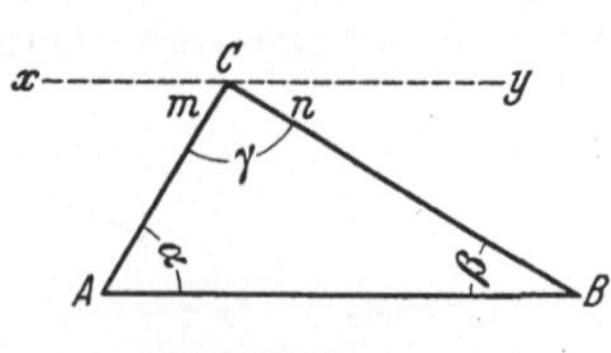
Abb. 10. Benennungen für die Dreiecksteile.   Abb. 11. Summe der Dreieckswinkel

Also A gegenüber liegt die Seite a; B gegenüber liegt die Seite b; C gegenüber liegt die Seite c. Der Winkel bei A heißt $\sphericalangle \alpha$ (griechisch; sprich Alpha); bei B liegt $\sphericalangle \beta$ (Winkel Beta); bei C liegt $\sphericalangle \gamma$ (Winkel Gamma).

Lehrsatz: Die Winkelsumme im Dreieck beträgt 180 Grad.

Behauptung: $\sphericalangle \alpha + \sphericalangle \beta + \sphericalangle \gamma = 180$ Grad oder 2 Rechte.

Beweis: In Abb. 11 wurde Seite xy parallel zu AB gezogen; dann ist $\sphericalangle \alpha = \sphericalangle m$ als Wechselwinkel an geschnittenen Parallelen. Aus demselben Grunde ist $\sphericalangle \beta = \sphericalangle n$. Da $\sphericalangle m + \gamma + n = 180$ Grad betragen (vgl. Abb. 8d), so müssen auch $\sphericalangle \alpha + \beta + \gamma = 180$ Grad sein, das sind 2 Rechte.

Man unterscheidet spitzwinklige, stumpfwinklige und rechtwinklige Dreiecke (Abb. 12, 13, 14).

7. Pythagoras und Euklid. Im rechtwinkligen Dreieck sind besondere Bezeichnungen üblich. Die beiden Seiten, die den rechten Winkel einschließen, heißen

Katheten (Seiten a und b in Abb. 14); die Seite, die dem rechten Winkel gegenüber liegt, heißt Hypotenuse (Seite c in Abb. 14).

Wenn die eine Kathete 3 Teile groß ist und die andere 4 Teile, so hat die Hypotenuse genau 5 solcher Teile (Abb. 15). Das will sagen: Ein Kathetenquadrat,

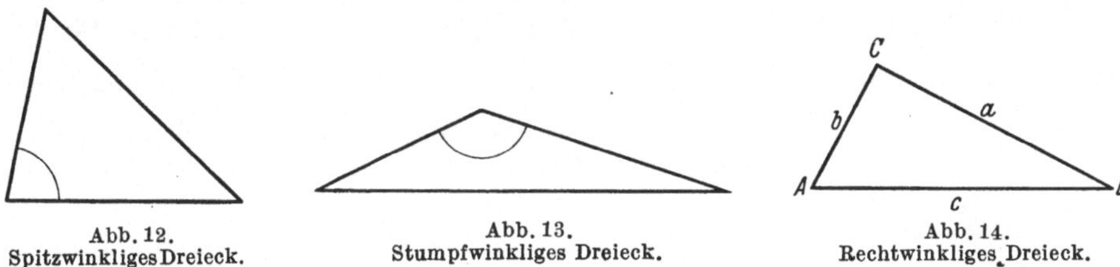

Abb. 12.
Spitzwinkliges Dreieck.

Abb. 13.
Stumpfwinkliges Dreieck.

Abb. 14.
Rechtwinkliges Dreieck.

vermehrt um das andere Kathetenquadrat, ergibt das Hypotenusenquadrat: $3^2 + 4^2 = 5^2$; das ist $9 + 16 = 25$. Auch andere Zahlen führen zu diesem Ergebnis, z. B. 5, 12 und 13; denn $25 + 144 = 169$ usw. Man nennt diese Zahlen nach dem Entdecker „pythagoräische Zahlen". Ein Schüler des griechischen Gelehrten PYTHAGORAS, EUKLID, fand dann, daß für *jedes* rechtwinklige Dreieck der *Lehrsatz* gilt, daß das Hypotenusenquadrat gleich der Summe der beiden Kathedenquadrate ist[1].

Behauptung: $a^2 + b^2 = c^2$.

Beweis (Abb. 16): Wir ziehen von C die Höhe LC und AB und verlängern sie

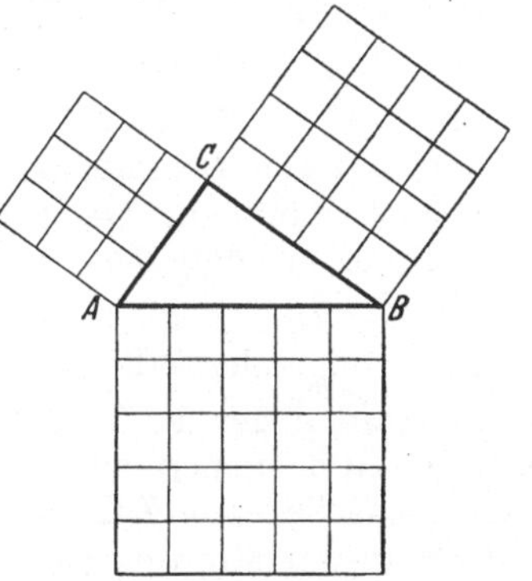

Abb. 15. Pythagoräische Zahlen.

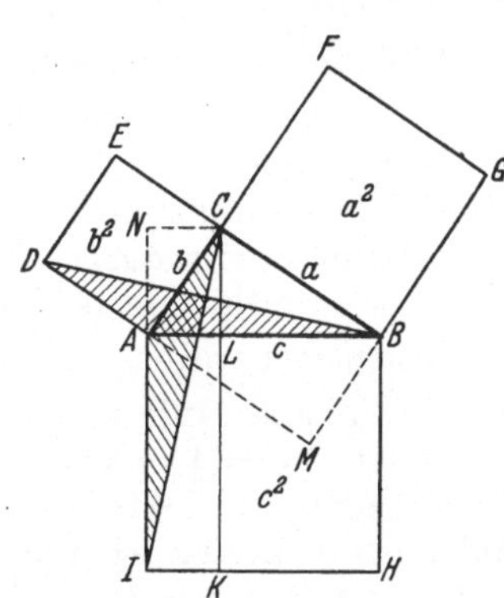

Abb. 16. Euklidischer Beweis.

bis K. Dann verbinden wir D mit B und I mit C. Die entstandenen Dreiecke DAB und IAC sind deckungsgleich (kongruent). Dreieck DAB hat mit dem Quadrat $DACE$ die gleiche Grundlinie DA und die gleiche Höhe $BM = CA$; folglich ist das Quadrat $DACE$ doppelt so groß wie das Dreieck DAB; denn nach einem Lehrsatz ist das Parallelogramm doppelt so groß wie das Dreieck, mit dem es gleiche Grundlinie und Höhe hat. Das Dreieck IAC hat mit dem Rechteck $IALK$ die gleiche Grundlinie IA und die gleiche Höhe $CN = LA$. Folglich ist das Rechteck $IALK$ doppelt so groß wie das Dreieck IAC. Sind aber die Hälften gleich, so sind auch die Ganzen gleich; folglich Quadrat $ADEC$ gleich Rechteck $IALK$. In gleicher Weise läßt sich beweisen, daß Quadrat $BCFG =$ Rechteck $HBLK$ ist. (Die Seiten AG und CH ziehen. Dann sind die Dreiecke ABG und HBC deckungsgleich usw.!) Folglich Quadrat $ADEC +$ Quadrat $BCFG =$ Quadrat $IABH$; kurz $a^2 + b^2 = c^2$.

Ist das Hypotenusenquadrat gleich der Summe der Kathedenquadrate, so ist ein Kathetenquadrat gleich dem Hypotenusenquadrat, vermindert um das andere Kathetenquadrat. Nach Abb. 15 ist $9 = 25 - 16$ und $16 = 25 - 9$.

---

[1] Dieser Lehrsatz wird allgemein als „Satz des Pythagoras" oder kurz „Der Pythagoras", neuerdings auch vielfach richtiger als „Satz des Euklid" bezeichnet.

Merke fest und sicher: 1. $c^2 = a^2 + b^2$; 2. $a^2 = c^2 - b^2$; 3. $b^2 = c^2 - a^2$.

8. Die Winkelfunktionen. Sinus und Tangens. Abb. 17 stellt einen Winkel dar; er heißt α. Auf dem Schenkel BC ist im Punkte D eine Senkrechte errichtet und bis zum Schnitt mit dem andern Schenkel verlängert worden; sie heißt DE. Wenn nun diese Senkrechte zu dem Schenkelabschnitt BD ins Verhältnis gesetzt wird, so ist durch dieses als Bruch geschriebene Verhältnis die Größe des Winkels α genau bestimmt. $\sphericalangle \alpha = \dfrac{DE}{BD}$. Wäre DE z. B. 14 mm lang, BD 21 mm, so wäre

$$\sphericalangle \alpha = \tfrac{14}{21} = \tfrac{2}{3} = 0,6666.. \text{ groß.}$$ In welchem Punkte die Senkrechte errichtet wird, ist gleichgültig. Das Verhältnis ist stets dasselbe.

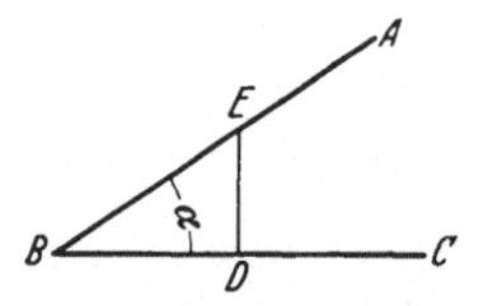

Abb. 17. Winkelfunktion.

Merke: Das Verhältnis der dem Winkel gegenüberliegenden Senkrechten zu dem Schenkelabschnitt vom Scheitelpunkt bis zum Fußpunkt der Senkrechten nennt man *Tangens* des Winkels; Zeichen dafür „tg".

Wäre die Senkrechte 25 mm, der Schenkelabschnitt 30 mm, so wäre $\operatorname{tg} \alpha = \tfrac{25}{30} = \tfrac{5}{6} = 5:6 = 0,8333$. Wäre die Senkrechte 14,5 mm, der Schenkelabschnitt 7,2 mm, so wäre $\operatorname{tg} \alpha = \tfrac{14,5}{7,2} = \tfrac{145}{72} = 145:72 = 2,0138$.

1. Aufgabe: Senkrechte = 20   28   15   78   16,5   83,6   31,2 mm

Schenkelabschnitt = 25   16   27   45,2   4,7   25,4   46,8 mm.

Wie groß ist tg ? (Rechne immer auf vier Dezimalstellen). So genügt tg schon für sich, die Größe eines Winkels zu bestimmen. Gelehrte haben aber außerdem noch Zahlentafeln ausgearbeitet, die es ermöglichen, aus tg auch die *Grade* des Winkels zu ermitteln (s. Tabelle 1, S. 63).

Gearbeitet wird nach dieser Tafel folgendermaßen:

2. Aufgabe: Wir benutzen die Zahlen der 1. Aufgabe.

$\operatorname{tg} \alpha = \tfrac{20}{25} = \tfrac{4}{5} = 4:5 = 0,8000$. Nun suchen wir in der Tafel unter tg die Zahl 0,8000 auf. Wir finden als nächstliegende Zahl 0,8002. In der Gradspalte links davon finden wir die Zahl 38, in der Minutenspalte die Zahl 40. Demnach gehört zu $\operatorname{tg} \alpha$ ein Winkel von $38° 40'$. Die nächste Aufgabe! $\operatorname{tg} \alpha = \tfrac{28}{16} = \tfrac{7}{4} = 7:4 = 1,7500$. Als nächstliegende Zahl finden wir in der Tafel 1,7556. Als Winkel lesen wir ab $60° 20'$. — Suche nach den weiteren Angaben der 1. Aufgabe die Winkelgrößen!

3. Aufgabe: Wie groß ist $\sphericalangle \alpha$ (Abb. 17) bei folgenden Seitenverhältnissen?

Senkrechte mm 3,6   4,5   2,7   18,4   6,9   4,3   24,1   63,6   92,8.
Schenkelabschnitt mm 10,5   3,6   12,3   44,5   10,4   9,8   5,6   7,2   23,9.

Umgekehrt kann auch aus der Tafel für einen bekannten Winkel der Tangens (tg) festgestellt werden.

Beispiel: Wie groß ist $\operatorname{tg} 45° 30'$? Lösung: In den Grad- und Minutenspalten sucht man $45° 30'$ auf und liest dann die rechts danebenstehende Zahl 1,0176 ab. Kurz: $\operatorname{tg} 45° 30' = 1,0176$. Ebenso $\operatorname{tg} 16° 40' = 0,2994$ usw.

4. Aufgabe: Bestimme den Tangens folgender Winkel: $24° 0'$; $40° 50'$; $6° 30'$; $54° 20'$; $10° 40'$; $36° 50'$; $32° 10'$; $78° 10'$; $44° 30'$.

Merke: $10' = \tfrac{1}{6}°$; $20' = \tfrac{1}{3}°$; $30' = \tfrac{1}{2}°$; $40' = \tfrac{2}{3}°$; $50' = \tfrac{5}{6}°$; denn $60' = 1°$.

5. Aufgabe: Zeichne spitze Winkel von beliebiger Größe und Lage und berechne ihre Größe.

Anleitung: Zeichne z. B. $\sphericalangle BAC$ (Abb. 18). Errichte an beliebiger Stelle auf BA eine Senkrechte. Stelle die Länge dieser Senkrechten DE fest, ebenso die Länge der anliegenden Kathete DA. DA sei 38,5 mm; DE sei 26,4 mm. Dann ist $\text{tg}\,\alpha = \dfrac{DE}{DA} = \dfrac{26,4}{38,5} = 26,4:38,5 = 264:385 = 0,6857$. Für 0,6857 lesen wir

aus der Tabelle (tg-Spalte!) den Winkel 34° 30′ oder $34\frac{1}{2}°$ ab.

Übe bis zur vollen Sicherheit!

Den Wert, der dadurch entsteht, daß man zwei Dreiecksseiten zum Zwecke der Winkelberechnung ins Verhältnis setzt (Bruch bildet), nennt man *Winkelfunktion.* Außer Tangens sind noch folgende Winkelfunktionen in Benutzung: Sinus, Kosinus und Kotangens.

Der *Sinus* (Abkürzung „sin") ist das Verhältnis der *gegenüberliegenden* Kathete zur Hypotenuse. In Abb. 19 ist

$$\sin\alpha = \frac{BC}{AB} = \frac{44}{58} = 44:58 = 0,7586.$$

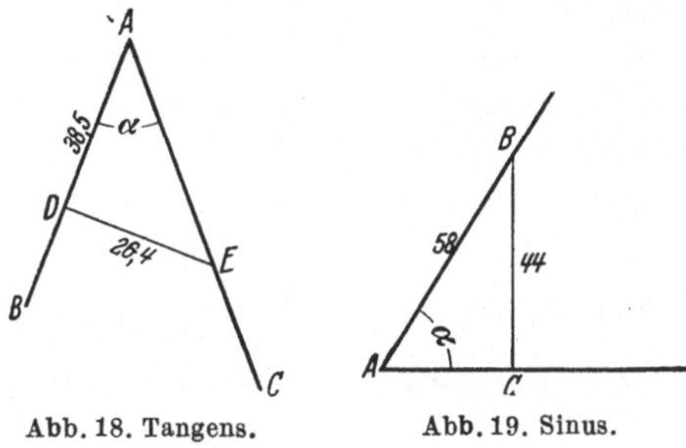

Abb. 18. Tangens.   Abb. 19. Sinus.

Für sin 0,7586 lesen wir aus der Sinusspalte (3. Spalte der Tabelle S. 63) einen Winkel von 49° 20′, d. i. $49\frac{1}{3}°$ ab.. (Die nächstliegende Zahl ist 0,7585.)

6. Aufgabe: Wie groß ist $\sphericalangle\,\alpha$ (Abb. 19), wenn bekannt sind

gegenüberliegende Kathete	12	49	32	125	18,4	25,6 mm
Hypotenuse	39	60	75	180	54	48,2 mm.

7. Aufgabe; Zeichne nach Art der 5. Aufgabe beliebige Winkel und übe bis zur vollständigen Sicherheit die Errechnung der Winkelgrößen durch Anwendung des sin. (Anleitung s. 5. Aufgabe.)

Merke fest und sicher: 1. sin = gegenüberliegende Kathete geteilt durch Hypotenuse; tg = gegenüberliegende Kathete geteilt durch anliegende Kathete.

2. Verwechsele beim Ablesen aus der Tabelle nicht sin- und tg-Spalte.

9. Kosinus und Kotangens. Der *Kosinus* (Abkürzung „cos") ist das Verhältnis der *anliegenden* Kathete zur Hypotenuse. In Abb. 19 ist $\cos\alpha = \dfrac{AC}{AB}$. Der Winkel ABC ergänzt den Winkel α zu 90°; denn die Winkelsumme im Dreieck beträgt 180° (s. Abschn. 6). Da Winkel $ACB = 90°$ ist, müssen die beiden spitzen Winkel zusammen auch 90° sein. Folglich $\sphericalangle\,ABC' = 90° - \alpha$; $\sin(90° - \alpha) = \dfrac{AC}{AB}$. Da auch $\cos\alpha = \dfrac{AC}{AB}$ ist, so kann man sagen $\cos\alpha = \sin(90° - \alpha)$. Demnach kann man der Sinusspalte von Tabelle 1 auch die Kosinuswerte entnehmen. Jeder Wert der 3. Spalte ist der Sinuswert für die in der 1. und 2. Spalte angegebenen Winkel und zugleich der Kosinuswert für die in der 5. und 6. Spalte angegebenen Winkel. Um das anzudeuten, steht *über* der 3. Spalte „sin" und *unter* der 3. Spalte „cos" Die Winkel der 1. und 2. Spalte und die auf gleicher Reihe in 5. u. 6. Spalte ergänzen sich stets zu 90°.

Beispiel 1: Bestimme den cos von 46° 40′!

Lösung: In 6. und 5. Spalte 46° 40′ aufsuchen! Aus der 3. Spalte 0,6862 ablesen! (Diese Zahl ist zugleich der sin von 43° 20′).

Beispiel 2: Wie heißt der cos von 84° 10′?

Lösung: In der 6. und 5. Spalte 84° 10′ aufsuchen Aus der 3. Spalte 0,1016 ablesen!

Beispiel 3: cos 74° 30′ = 0,2672; cos 17° 20′ = 0,9546 usw.

1. Aufgabe: Suche für folgende Winkel den cos!

18° 30′　　　40° 10′　　　52° 40′　　　68° 20′　　　82° 10′　　　56°,50′

Umgekehrt läßt sich die Größe des Winkels bestimmen, wenn sein cos bekannt ist.

Beispiel 4: $\cos \alpha = 0{,}2447$. Wie groß ist $\sphericalangle \alpha$?

Lösung: In der 3. Spalte 0,2447 aufsuchen! Aus der 6. und 5. Spalte 75° 50′ ablesen!

Beispiel 5: $\cos \alpha = 0{,}3201$. Wie groß ist $\sphericalangle \alpha$?

Lösung: 0,3201 in der 3. Spalte aufsuchen! Aus der 6. und 5. Spalte 71° 20′ ablesen!

2. Aufgabe: Wie groß ist $\sphericalangle \alpha$? Sein cos sei

0,7566　　　0,9315　　　0,5250　　　0,5000　　　0,1937　　　0,9781

Der Kotangens (Abkürzung „ctg") ist das Verhältnis der *anliegenden* Kathete zur gegenüberliegenden Kathete. In Abb. 19 ist $\operatorname{ctg} \alpha = \dfrac{AC}{BC}$. Von $\sphericalangle ABC$ (also von $\sphericalangle 90° - \alpha$) ist tg ebenfalls $\dfrac{AC}{BC}$. Folglich $\operatorname{ctg} \alpha = \operatorname{tg}(90° - \alpha)$. Die Funktionswerte von ctg können demnach der Tangensspalte entnommen werden. Für ctg gelten die Winkelangaben in der 5. und 6. Spalte und die Funktionsbezeichnung *unter* der 4. Spalte.

Beispiel 6: Bestimme ctg von 18° 50′.

Lösung: In der 6. und 5. Spalte 18° 50′ aufsuchen! Aus der 4. Spalte 2,9319 ablesen!

Beispiel 7: ctg 36° 40′ = 1,3432; ctg 66° 10′ = 0,4417 usw.

3. Aufgabe: Suche für folgende Winkel den ctg!

72° 30′　　　56° 10′　　　47° 50′　　　82° 20′　　　66° 0′　　　84° 40′

Beispiel 8: $\operatorname{ctg} \alpha = 2{,}7725$. Wie groß ist $\sphericalangle \alpha$?

Lösung: In der 4. Spalte 2,7725 aufsuchen. Die 6. und 5. Spalte nennen für $\sphericalangle \alpha$ die Winkelgröße 19° 50′.

4. Aufgabe: Wie groß ist $\sphericalangle \alpha$? Sein ctg sei

2,1609　　　3,0475　　　5,4845　　　1,1640　　　0,8796　　　1,3597.

10. Anleitung zur Anwendung der Tabelle 1 für Winkel von Minute zu Minute. Die sin- und tg-Werte für Winkel von 10 zu 10 Minuten genügen für gröbere Arbeiten und für Schlittenverstellungen. Für die Berechnung von Genauarbeiten benutzt man vielfach Tabellen, die die Funktionswerte von Minute zu Minute bringen[1]. Man kann aber auch genügende Genauigkeit bei den genannten Berechnungen erreichen, wenn man die Winkelfunktionen für jede einzelne Minute durch kleine *Zusatzberechnungen* aus der Tabelle 1 ermittelt.

a) Der Winkel ist gegeben; die Funktion soll gesucht werden.

Beispiel 1: Suche die Funktion zu tg 14° 43′.

Lösung: 1. Der Wert liegt zwischen 14° 40′ und 14° 50′; also zwischen 0,2617 und 0,2648. Der Unterschied beträgt 31 (denn 48 — 17 = 31). Während der Winkel um 10′ stieg, stieg die Funktion um 31.

2. Auf 10′ entfallen 31; auf 1′ also 3,1. Nun ist aber 14° 43′ um 3′ größer als der nächste darunterliegende Tabellenwert; demnach entfallen auf 3′ auch $3 \cdot 3{,}1 = 9{,}3$ rund 9.

3. Diese 9 zählen wir zum Tabellenwert 0,2617 hinzu. Wir erhalten 0,2626.

---

[1] Solche Tabellenbücher sind käuflich, in der Regel allerdings auf logarithmisches Rechnen abgestellt.

4. Also tg $14° 43' = 0,2626$.

Beispiel 2: tg 30° 26′	Beispiel 3: sin 8° 38′	Beispiel 4: tg 22° 37′
1. tg 30° 20′　= 0,5851	1. sin 8° 30′　= 0,1421	1. tg 22° 30′　= 0,4142
tg 30° 30′　= 0,5890	sin 8° 40′　= 0,1449	tg 22° 40′　= 0,4176
Unterschied =　39	Unterschied =　28	Unterschied =　34
2. Auf 10′　=　39	2. Auf 10′　=　28	2. Auf 10′　=　34
auf　1′　=　3,9	auf　　1′ =　2,8	auf　1′　=　3,4
auf　6′　=　23,4	auf　　8′ =　22,4	auf　7″　=　23,8
3. 0,5851 + 23 = 0,5874	3. 0,1421 + 22 = 0,1443	3. 0,4142 + 24 = 0,4166
4. tg 30° 26′　= 0,5874	4. sin 8° 38′　= 0,1443	4. tg 22° 37′　= 0,4166

1. Aufgabe: Suche für folgende Winkel die *genaue* Funktion!

a) sin　6° 35′　　　　b) tg　40° 26′　　　　c) sin 14° 52′　　　　d) tg 25° 25′
　sin 28° 19′　　　　　 sin　8° 14′　　　　　 tg 52 °8′　　　　　　 tg　9° 29′

b) Die Winkelfunktion ist gegeben; der Winkel ist zu suchen.

Beispiel 5: tg $x = 0,6855$. Suche den Winkel!

Lösung: 1. Der nächste darunterliegende Tabellenwert $= 0,6830$ gilt für 34° 20′
　　　　　 Der nächste darüberliegende Tabellenwert $= 0,6873$ gilt für 34° 30′
Der gesuchte Wert liegt also zwischen 34° 20′ und 34° 30′.

Der Unterschied zwischen beiden Funktionszahlen (er soll kurz U genannt werden) $= 43$.

Der Unterschied zwischen *gegebener* Zahl und kleinerer Tabellenzahl (er soll kurz u genannt werden) $= 25$ (aus $0,6855 - 0,6830$!).

2. Wenn $U = 43$　ist, so wächst der Winkel um 10′
　　„　$U = $　4,3 „　 „　　 „　　 „　　 „　　 „　　1′
　　„　$u = 25$　„　 „　　 „　　 „　　 „　　 „　　6′; denn $25 : 4,3 = 5,8 \approx 6$
3. $34° 20' + 6' = 34° 26'$.
4. ∢ x　　　 $= 34° 26'$.

Beispiel 6:	Beispiel 7:
tg $x = 0,8964$.	sin $x = 0,5132$.
1. Darunter liegt 0,8952 für 41° 50′	1. Darunter 0,5616 für 34° 10′
Darüber liegt 0,9004 „　41° 60′ (42°)	Darüber 0,5640 „　34° 20′
$U = 52; u = 12$	$U = 24; u = 16$
2. Bei 52　= 10′	2. Bei 24　= 10′
„　5,2 =　1′	„　2,4 =　1′
„　12　=　2′ (denn 12 : 5,2 = 2)	„　16　=　7′ (denn 16 : 2,4 = 7)
3. $41° 50' + 2' = 41° 52'$	3. $34° 10' + 7' = 34° 17'$
4. ∢ x　　 $= 41° 52'$	4. ∢ x　　 $= 34° 17'$

2. Aufgabe: Suche die Winkel zu folgenden Funktionswerten:

a) sin $x = 0,4835$;　b) tg $x = 0,4560$;　c) sin $x = 0,2060$;　d) tg $x = 0,1235$.
　sin $x = 0,8500$;　　　 tg $x = 0,2440$;　　　 sin $x = 0,8000$;　　　 tg $x = 0,5100$.

Für cos und ctg verläuft die Ausrechnung der Werte für Winkel und Einerminuten in ähnlicher Weise.

Beispiel 8:	Beispiel 9:	Beispiel 10:
cos 46° 26′	ctg 31° 27′	cos 87° 44′
1. cos 46° 20′　= 0,6905	1. ctg 31° 20′　= 1,6426	1. cos 87° 40′　= 0,0407
cos 46° 30′　= 0,6884	ctg 31° 30′　= 1,6319	cos 87° 50′　= 0,0378
Unterschied =　21	Unterschied =　107	Unterschied =　29

2. Auf 10′	=	21	2. Auf 10′	=	107	2. Auf 10′	=	29
auf 1′	=	2,1	auf 1′	=	10,7	auf 1′	=	2,9
auf 6′	=	12,6	auf 7′	=	74,9	auf 4′	=	11,6
aufgerundet =		13	aufgerundet =		75	aufgerundet =		12

3. $0,6905 - 13 = 0,6892$ 3. $1,6426 - 75 = 1,6351$ 3. $0,0407 - 12 = 0,0395$

Merke: Die errechneten Werte für die cos- und ctg-Funktion müssen *abgezogen* werden, da sich bei zunehmendem Winkel der Funktionswert *verkleinert*.

3. Aufgabe: Suche für folgende Winkel die genaue Funktion!

cos 16° 12′   ctg 65° 8′   cos 60° 12′   ctg 14° 52′   cos 14° 49′

Beispiel 11:

cos x = 0,7818.

1. Darunter liegt 0,7808 für 38° 40′
Darüber liegt 0,7826 ,, 38° 30′
$U = 18$; $u = 10$

2. Bei 18 *fällt* der ∢ um 10′
,, 1,8 ,, ,, ,, ,, 1′
,, 10 ,, ,, ,, ,, 6′
denn $10 : 1,8 = 5,55 \approx 6$.

3. ∢ $x = 38° 40′ - 6′ = 38° 34′$

Beispiel 12:

ctg x = 2,2426.

1. Darunter liegt 0,2286 für 24° 10′
Darüber liegt 0,2460 ,, 24° 0′
$U = 174$; $u = 140$.

2. Bei 174 *fällt* der ∢ um 10′
,, 17,4 ,, ,, ,, ,, 1′
,, 140 ,, ,, ,, ,, 8′
denn $140 : 17,4 \approx 8$.

3. ∢ $x = 24° 10′ - 8′ = 24° 2′$.

4. Aufgabe: Suche für folgende Funktionen die genauen Winkel!

a) cos x = 0,0848   b) ctg x = 0,2105;   c) cos x = 0,8958;   d) ctg x = 0.1208;
cos x = 0 5690;   ctg x = 3,0500   ctg x = 1,5725;   ctg x = 0,4475;

11. Die Berechnungen am rechtwinkligen Dreieck. Zwei Teile müssen bekannt sein, entweder zwei Seiten oder eine Seite und ein spitzer Winkel. Die übrigen Teile können berechnet werden. Es ergeben sich folgende fünf Grundaufgaben:

1. Aufgabe: Gegeben sind die Hypotenuse = 108 mm und der Winkel $\alpha = 56° 40′$ Berechne den andern spitzen Winkel und die beiden Katheten (Abb. 20).

Lösung: a) $\beta = 90° - \alpha = 90° - 56° 40′ = 33° 20′$. Winkel β also = 33° 20′.

b) Da Hypotenuse und ∢ α gegeben sind, kann mittels sin die gegenüberliegende Kathete a gefunden werden. $\sin \alpha = \dfrac{a}{c}$; sin 56° 40′ laut Tabelle = 0,8355; Seite c

= 108; also $0,8355 = \dfrac{a}{108}$; $0,8355 \cdot 108 = a$ (s. Abschnitt 3); $90,234 = a$.

c) b zu finden, bieten sich drei Wege: 1. durch sin, 2. durch tg, 3. durch den „Pythagoras".

1. $\sin \beta = \dfrac{b}{c}$; sin 33° 20′ laut Tabelle = 0,5495;

$c = 108$; also $0,5495 = \dfrac{b}{108}$; $0,5495 \cdot 108 = b$; $59,346 = b$.

2. $\operatorname{tg} \alpha = \dfrac{a}{b}$; tg α laut Tabelle = 1,5204; $a = 90,234$;

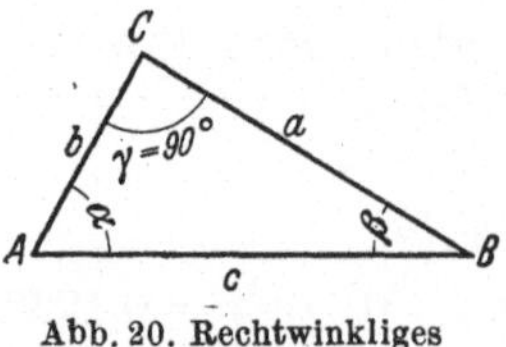
Abb. 20. Rechtwinkliges Dreieck.

also $1,5204 = \dfrac{90,234}{b}$; $1,5204 \cdot b = 90,234$; $b = \dfrac{90,234}{1,5204}$; $b = 90,234 : 1,5204$;

$902\,340 : 15\,204 = 59,348$.
Also $b = 59,348$.

3. $b^2 = c^2 - a^2$; folglich $b^2 = 108^2 - 90,234^2$; auf beiden Seiten der Gleichung die Wurzel ziehen; also $b = \sqrt{108^2 - 90,234^2}$, $b = \sqrt{11\,664 - 8142,174756}$; $b = \sqrt{3521,825244}$; $b = 59,345$.

Ergebnis: $\beta = 33° 20'$; $a = 90{,}234$ mm; $b = 59{,}345$ mm.

Die drei Ausrechnungen für b ergaben in der letzten Stelle verschiedene Werte. Solch geringfügige Unterschiede werden immer auftreten. Verursacht werden sie durch die Abrundung der vierten Dezimalstelle in den Tabellen für die Winkelfunktionen. Man erkennt hieraus, daß eine Berechnung auf möglichst viele Stellen durchaus nicht eine erhöhte Genauigkeit zu bedeuten braucht. Man soll nicht mehr Stellen ausrechnen als man praktisch braucht. Wenn man z. B. nur auf zehntel mm genau messen will, braucht man keine tausendstel auszurechnen.

Rechne nach obigem Muster folgende Aufgaben:

Hypotenuse:	75	94,6	258	13,8 ·	175	52 mm
Spitzer Winkel:	13°	20° 30′	30	64°,10′	5° 30′	7° 20′

Nach diesem ausführlichen Beispiel werden die vier anderen Grundaufgaben in knapperer Form durchgeführt werden.

2. Aufgabe: In dem rechtwinkligen Dreieck Abb. 20 sei Kathete $a = 82$ mm, Winkel $\alpha = 28°$. Berechne β, b und c!

Lösung: a) $\beta = 90° - \alpha$; $\beta = 90° - 28°$; $\beta = 62°$

b) $\operatorname{tg} \beta = \dfrac{b}{a}$

$\operatorname{tg} 62° = \dfrac{b}{82}$

$1{,}8807 \cdot 82 = b$

$154{,}217 = b$

c) $c^2 = a^2 + b^2$

$c^2 = 82^2 + 154{,}217^2$

$c^2 = 6724 + 23\,782{,}883089$

$c^2 = 30\,506{,}883089$

$c = \sqrt{30\,506{,}883089}$

$c = 174{,}661$

Ergebnis: $\sphericalangle \beta = 62°$; Seite $b = 154{,}217$ mm; Seite $c = 174{,}661$ mm. (b könnte auch mittels $\operatorname{tg} \alpha$ berechnet werden; c mittels $\sin \alpha$ oder $\sin \beta$.)

Löse nach obigem Muster folgende Aufgaben:

Kathete $a =$	70	102	54,5	82,4	180 mm
Winkel $\alpha =$	9° 20′	25° 10′	42°	6° 30′	21°

Wenn mehrere Wege zum Ziel führen, benutze sie alle und vergleiche die Ergebnisse. In der fünften, sechsten Zahlenstelle werden erst kleine Unterschiede auftreten. Benutze bei sin den Weg, der die *kleinere* Winkelgröße verwertet. Ist z. B. eine Lösung durch sin 28° und durch sin 62° möglich, so wähle sin 28°! Bei cos dagegen benutze bei einer Auswahlmöglichkeit die größeren Winkel!

3. Aufgabe: In dem rechtwinkligen Dreieck Abb. 20 sei Kathete $b = 160$ mm; α sei 8° 30′. Berechne β, a und c.

Lösung: Fertige stets erst eine Zeichnung an und trage die Werte ein!

a) $\beta = 90° - \alpha$; $\beta = 90° - 8° 30'$; $\beta = 81° 30'$

b) $\operatorname{tg} \alpha = \dfrac{a}{b}$

$\operatorname{tg} 8° 30' = \dfrac{a}{160}$

$0{,}1495 \cdot 160 = a$

$23{,}92 = a$

c) $c^2 = a^2 + b^2$

$c^2 = 23{,}92^2 + 160^2$

$c^2 = 572{,}1664 + 25\,600$

$c^2 = 26\,172{,}1664$

$c = \sqrt{26\,172{,}1664}$

$c = 161{,}778$

oder $\sin \alpha = \dfrac{a}{c}$

$\sin 8° 30' = \dfrac{23{,}92}{c}$

$0{,}1478 \cdot c = 23{,}92$

$c = \dfrac{23{,}92}{0{,}1478}$

$c = 161{,}840$

Ergebnis: $a = 23{,}92$ mm; $c = 161{,}778$ mm; $\beta = 81° 30'$.

Der Unterschied in den beiden Ergebnissen für c ist diesmal recht erheblich. Aus diesem Grunde wurde das Beispiel so gewählt. Der Fall stellt aber ungefähr die äußerste Grenze der Ungenauigkeit dar. Die Ursache ist wiederum die Abrundung der Tangensfunktion in der 4. Stelle auf 0,1495. Die siebenstellige[1] Funktion lautet 0,1494510. Rechnet man mit diesem Werte, so erhält man $c = 161,781$; der Wert mittels des Pythagoras ist $c = 161,778$; der Unterschied ist nur noch $^3/_{1000}$ mm! Ist höchste Genauigkeit erwünscht, so muß demnach eine Tabelle mit 7stelligen Funktionszahlen benutzt werden; selbstverständlich ist mit *genauer* (nicht abgerundeter) Minutenzahl zu rechnen (Abschn. 10).

Löse nach vorstehendem Muster folgende Aufgaben:

Kathete $b =$	60	37,5	24	80	110	122 mm
Winkel $\alpha =$	14° 30′	12°	38° 10′	52°	24° 40′	6° 10′

4. Aufgabe: In dem rechtwinkligen Dreieck Abb. 20 sei Kathete $a = 72$ mm, Kathete $b = 65$ mm. Berechne c, α, β.

Lösung:

a) $c^2 = a^2 + b^2$

$c^2 = 72^2 + 65^2$

$c^2 = 5184 + 4225$

$c^2 = 9409$

$c = \sqrt{9409}$

$c = 97$

b) $\operatorname{tg} \alpha = \dfrac{a}{b}$

$= \dfrac{72}{65}$

$= 72 : 65$

$= 1,1077$

$\alpha = 47° 55′$

(1,1077 liegt fast genau zwischen den Tabellenwerten 1,1014 und 1,1106, also zwischen 50′ und 60′, das sind 55′.)

c) $\beta = 90° - \alpha$

$= 90° - 47° 55′$

$= 42° 5′$

Ergebnis: $c = 97$ mm; $\alpha = 47° 55′$; $\beta = 42° 5′$.

Löse nach vorstehendem Muster folgende Aufgaben:

Kathete $a =$	24	195	140	32,4	24,2	66 mm
Kathete $b =$	143	28	51	18,5	75	18,6 „

Suche c nicht nur nach dem Pythagoras (wie oben), sondern auch mittels $\sin \alpha$ und vergleiche die Ergebnisse! Dann ist die Reihenfolge so:

a) $\operatorname{tg} \alpha = \dfrac{a}{b}$

usw.

Siehe oben unter b

b) $\beta = 90° - \alpha$

usw.

Siehe oben unter c

c) $\sin \alpha = \dfrac{a}{c}$

$0,7421 = \dfrac{a}{c}$

$c = \dfrac{72}{0,7421}$

$c = 97,021$ mm

Die Ungenauigkeit für c beträgt $^1/_{50}$ mm. Die Lösung mittels des Pythagoras ist vollkommen genau.

5. Aufgabe: In dem rechtwinkligen Dreieck Abb. 20 sei Kathete $a = 30$ mm; Hypotenuse $c = 64,5$ mm; berechne b, α, β!

Lösung:

a) $b^2 = c^2 - a^2$

$b^2 = 64,5^2 - 30^2$

$b^2 = 4160,25 - 900$

$b^2 = 3260,25$

$b = \sqrt{3260,25}$

$b = 57,099$

b) $\sin \alpha = \dfrac{a}{c}$

$= \dfrac{30}{64,5}$

$= 300 : 645$

$= 0,4651$

$\alpha = 27° 40′$

c) $\beta = 90° - 27° 40′$

$\beta = 62° 20′$

Ergebnis: $b = 57,099$ mm; $\alpha = 27° 40′$; $\beta = 62° 20′$.

[1] Es gibt auch dafür käufliche Tabellenbücher (vgl. Fußnote S. 18).

Löse nach vorstehendem Muster folgende Aufgaben:

Kathete a =   45   60   72,5   88,6   162 mm
Hypotenuse c =   130 ·   240   180   150,5   320 „

12. Etwas von den Körpern. Der Querschnitt einer Kugel ist stets ein Kreis (Abb. 21). AB ist der Durchmesser; MA ist der Halbmesser oder Radius; EF ist eine Sehne; GH ist die Höhe des Bogens EHF; n ist eine Tangente. Sie berührt den Kreis in einem Punkte (P). Der Halbmesser r, der nach P gezogen wird, bildet mit der Tangente stets einen rechten Winkel. Abb. 22 stellt eine Walze

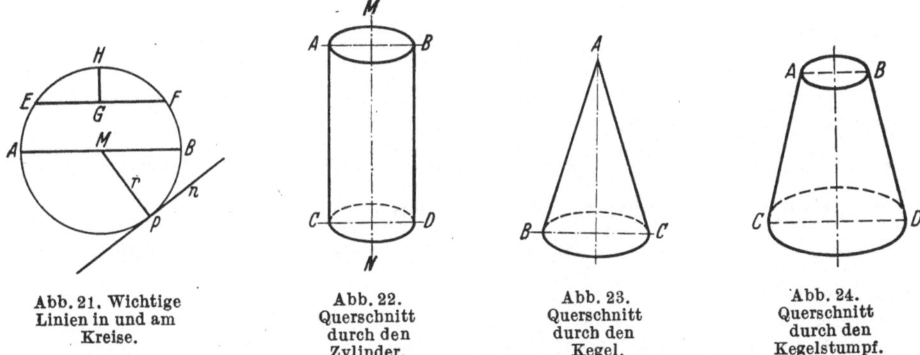

Abb. 21. Wichtige
Linien in und am
Kreise.

Abb. 22.
Querschnitt
durch den
Zylinder.

Abb. 23.
Querschnitt
durch den
Kegel.

Abb. 24.
Querschnitt
durch den
Kegelstumpf.

oder einen Zylinder dar. Die Querschnitte ergeben, wenn sie parallel zur Grundfläche geführt werden, immer Kreise. Alle Querschnitte sind gleich groß. Ein Längsschnitt durch die Walze in Richtung der Achse ergibt ein Rechteck ($ABCD$). Körper in Form von Abb. 23 heißen Kegel. Die Querschnitte parallel zur Grundfläche ergeben Kreise, aber von verschiedener Größe. Der Längsschnitt ergibt ein Dreieck (BAC). Abb. 24 stellt einen abgestumpften Kegel dar. Die Querschnitte parallel zur Grundfläche ergeben Kreisformen; der Längsschnitt ist ein Trapez ($ABCD$). Den Unterschied zwischen großem und kleinem Durchmesser im Verhältnis zur Länge nennt man Steigung des Kegels. Oftmals heißt es auch: Die Steigung beträgt 1:5, d. h. auf 5 mm Länge = 1 mm Steigung, oder auf 50 mm = 10 mm usf. Steigung 1:12 bedeutet auf 12 mm Länge = 1 mm Steigung, auf 60 mm = 5 mm; auf 120 mm = 10 mm usf.

13. Einige wichtige Berechnungen an der Kugel. Ein Schnitt durch die Kugel, der durch den Mittelpunkt geht, zerlegt die Kugel in 2 Halbkugeln. Führt ein solcher Schnitt nicht durch den Mittelpunkt, so nennt man den abgeschnittenen Teil *Kugelhaube*. Abb. 25 bringt einen Längsschnitt durch eine Kugelhaube und den dazugehörenden Kugelteil. h = Höhe des Bogens und der Kugelhaube. s = halber Durchmesser der Grundfläche der Haube und auch halbe Sehne im Schnitt. r = Halbmesser der Kugel. α = Mittelpunktswinkel, der von den beiden Halbmessern gebildet wird, die von den Enden der Sehne ausgehen. Durch die verlängerte Höhe h wird er halbiert. Wenn von den vier Größen r, s, h, α zwei gegeben sind, so sind die anderen beiden zu berechnen. Das ergibt 6 Grundaufgaben, die wir mit den in den

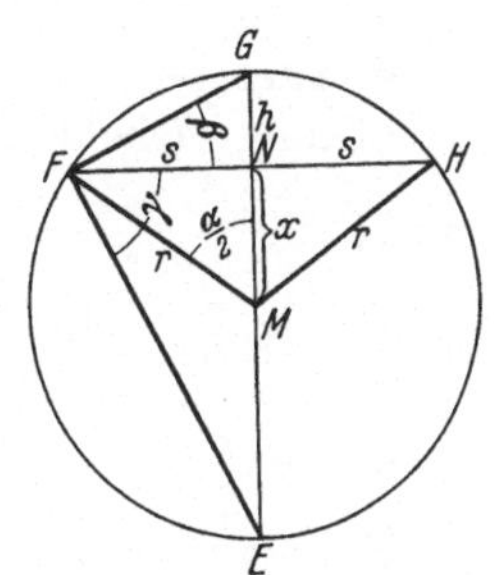

Abb. 25. Berechnungen
an der Kugel.

vorher gehenden Abschnitten erworbenen Kenntnissen leicht lösen können:

1. Aufgabe: s (halber Durchmesser der Kugelhaube) = 24 mm; r (Halbmesser der Kugel) = 32 mm. Berechne h und α!

Lösung: a) Im rechtwinkligen Dreieck MNF sind die Hypotenuse durch r und eine Kathete durch s bekannt; folglich kann nach PYTHAGORAS die andere Kathete (x) gefunden werden.

$$x^2 = 32^2 - 24^2 = 1024 - 576 = 448; \text{ folglich } x = \sqrt{448} = 21{,}166; \; h = r - x;$$
$$\text{also } h = 32 - 21{,}166; \; h = 10{,}834 \text{ mm.}$$

b) $\sin\dfrac{\alpha}{2} = \dfrac{s}{r} = \dfrac{24}{32} = \dfrac{3}{4} = 3 : 4 = 0{,}7500.$ Wir suchen in der Sinusspalte der Tabelle 1 (S. 63) 0,7500 auf und ermitteln den Winkel $\dfrac{\alpha}{2} = 48°\,35'$. Folglich $\alpha = 97°\,10'$.

2. Aufgabe: $r = 50$ mm; $h = 6{,}4$ mm; berechne x, s und α!

Lösung: a) $x = r - h = 50 - 6{,}4 = 43{,}6$; $x = 43{,}6$ mm.

b) $s^2 = r^2 - x^2 = 50^2 - 43{,}6^2 = 2500 - 1900{,}96 = 599{,}04$; folglich $s = \sqrt{599{,}04}$ $= 24{,}475$; $2s$ (die ganze Sehne) $= 48{,}950$ mm.

c) $\sin\dfrac{\alpha}{2} = \dfrac{s}{r} = \dfrac{24{,}475}{50} = 0{,}4895$; folglich $\dfrac{\alpha}{2}$ laut Tabelle $= 29°\,18'$; $\alpha = 58°\,36'$.

3. Aufgabe: $s = 64$ mm; $h = 18$ mm. Berechne r und α!

Lösung: a) Aus $\operatorname{tg}\beta = \dfrac{h}{s}$ ist β zu finden; denn $\operatorname{tg}\beta = \dfrac{18}{64} = 9 : 32 = 0{,}2813$; folglich laut Tabelle $\beta = 15°\,43'$.

b) $\gamma = 90° - 15°\,43' = 74°\,17'$. (Alle Winkel über dem Durchmesser eines Kreises, deren Scheitelpunkt im Kreisumfang liegt, sind 90°; folglich $\sphericalangle\, GFE = 90°$.)

c) $\operatorname{tg}\gamma = \dfrac{\text{Strecke } NE}{s}$; $\operatorname{tg} 74°\,17' = \dfrac{NE}{s}$; $3{,}5520 = \dfrac{NE}{64}$; $3{,}5520 \cdot 64 = NE$; $227{,}328 = $ Strecke NE. Legen wir zu dieser Strecke noch $h = 18$ hinzu, so erhalten wir $2r = 245{,}328$; folglich $r = 122{,}664$ mm.

d) $\dfrac{\alpha}{2}$ ist aus s und r durch $\sin$ zu finden; denn $\sin\dfrac{\alpha}{2} = \dfrac{s}{r} = \dfrac{64}{122{,}664}$ usf. Rechne selbständig weiter!

4. Aufgabe: $r = 56{,}2$ mm; $\alpha = 84°\,30'$. Berechne s und h!

Lösung: Sie ist leicht. Führe sie selbst durch! Anleitung: a) Aus $\sin\dfrac{\alpha}{2}$ und r ist s zu finden. b) Aus r und s ist nach PYTHAGORAS x zu finden. c) h ist dann $r - x$.

5. Aufgabe: $s = 16{,}8$ mm; $\alpha = 104°\,24'$. Berechne r und h!
Lösung: Leicht! Rechne selbständig!

6. Aufgabe: $h = 20$ mm; $\alpha = 76°\,20'$. Berechne r und s.
Lösung: (Siehe hierzu Abschn. 11) a) $\sphericalangle\, NFM = 90° - 38°\,10' = 51°\,50'$;

$$\sin 51°\,50' = \frac{x}{r} = \frac{r-h}{r}; \; 0{,}7862 = \frac{r-20}{r}; \; 0{,}7862\,r = r - 20; \; 20 = r - 0{,}7862\,r;$$

$$20 = 0{,}2138\,r; \; \frac{20}{0{,}2138} = r; \; 93{,}545 \text{ mm} = r.$$

b) $\sin\dfrac{\alpha}{2} = \dfrac{s}{r}$; $\sin 38°\,10' = \dfrac{s}{93{,}545}$; $0{,}6180 \cdot 93{,}545 = s$; $s = 57{,}811$ mm.

Übungsaufgabe: Berechne die fehlenden Stücke! Gegeben sind

a	b	c	d	e	f
$s = 40{,}2$	$s = 28{,}1$	$r = 29$	$s = 58$	$r = 24$	$s = 44$
$r = 78{,}6$	$r = 52{,}2$	$h = 14$	$h = 12{,}6$	$\alpha = 68°\,10'$	$\alpha = 112°\,10'$

In der Praxis tritt am häufigsten der Fall ein, daß bei bekanntem Halbmesser die Bogenhöhe, die Sehnenlänge und die Bogenlänge berechnet werden müssen

(Beisp. 1 und 2). Es sind Tabellen ausgearbeitet worden, denen man diese Werte bei einem Halbmesser $r = 1$ entnehmen kann. Die Werte brauchen also nur noch mit der Halbmesserlänge malgenommen zu werden. Die Feinstarbeit benötigt *genaueste* Werte. Die Tabelle müßte möglichst auf Minute zu Minute abgestimmt sein. Infolge ihres Umfanges kann sie in vorliegendem Buche nicht zum Abdruck kommen. Die Werte können jedoch ohne größeren Zeitverlust leicht nach folgenden Formeln berechnet werden:

a) Bogenlänge (Bg) $= \dfrac{\pi \cdot r \cdot \alpha}{180} = 0{,}01745 \cdot r \cdot \alpha.$

b) Sehnenlänge $(2s) = 2r \sin \dfrac{\alpha}{2}.$

c) Bogenhöhe $(h) = r\left(1 - \cos \dfrac{\alpha}{2}\right).$

Erläuterungen zur Formel a: Umfang eines Kreises $= 2r\pi$. Ein Vollkreis sind $360°$; folglich $1° = \dfrac{2r\pi}{360}$, gekürzt $= \dfrac{r\pi}{180}$. $8°$ sind dann 8mal soviel; $20°$ sind 20mal soviel; $16°\,30'$ sind 16,5mal soviel (denn $30'$ sind $\frac{1}{2}° = 0{,}5°$); $54°\,17'$ sind 54,2833 mal so viel; denn $17' = \frac{17}{60}° = 17:60 = 0{,}2833°$, insgesamt $54{,}2833°$. Kurz $\alpha°$ sind α mal soviel. Endgültige Formel also $\dfrac{r\pi\alpha}{180}$. Der Wert $\dfrac{\pi}{180}$ ist unveränderlich und kann ein für allemal ausgerechnet werden. $3{,}1416 : 180 = 0{,}01745$. Für das praktische Rechnen wird man darum die Formel $Bg = 0{,}01745 \cdot r \cdot \alpha$ verwerten.

Zu Formel b: Nach Abb. 25 ist $\sin \dfrac{\alpha}{2} = \dfrac{s}{r}$; folglich $s = r \cdot \sin \dfrac{\alpha}{2}$ ($s =$ halbe Sehnenlänge); folglich ganze Sehnenlänge $= 2s = 2r \cdot \sin \dfrac{\alpha}{2}$.

Zu Formel c: Nach Abb. 25 ist $h = r - x$. Ferner ist $\cos \dfrac{\alpha}{2} = \dfrac{x}{r}$; folglich $x = r \cdot \cos \dfrac{\alpha}{2}$. Diesen Wert für x setzen wir in die Gleichung $h = r - x$ ein. Dann heißt sie $h = r - r \cdot \cos \dfrac{\alpha}{2}$, oder wenn r herausgesetzt wird $h = r\left(1 - \cos \dfrac{\alpha}{2}\right)$.

Beispiel 1: $r = 12$ mm; $\alpha = 40°$. Berechne Bg, $2s$ und h!

a) $Bg = \dfrac{r \cdot \pi \cdot \alpha}{180} = 0{,}01745 \cdot 12 \cdot 40 = 8{,}376$ mm.

b) $2s = 2r \sin \dfrac{\alpha}{2} = 2 \cdot 12 \cdot \sin 20° = 24 \cdot 0{,}3420 = 8{,}208$ mm.

c) $h = r\left(1 - \cos \dfrac{\alpha}{2}\right) = 12 \cdot (1 - 0{,}9397) = 12 \cdot 0{,}0603 = 0{,}7236$ mm.

Beispiel 2: $r = 58$ mm; $\sphericalangle \alpha = 122°\,41'$. Berechne Bg, $2s$ und h!

a) $Bg = \dfrac{r \cdot \pi \cdot \alpha}{180} = 0{,}01745 \cdot 58 \cdot 122{,}6833$ (denn $122°\,41' = 122\frac{41}{60}° = 122{,}6833°$) $= 124{,}167$ mm.

b) $2s = 2r \cdot \sin \dfrac{\alpha}{2} = 2 \cdot 58 \cdot \sin 61°\,20{,}5' = 116 \cdot 0{,}8775 = 101{,}79$ mm.

c) $h = r\left(1 - \cos \dfrac{\alpha}{2}\right) = 58\,(1 - \cos 61°\,20{,}5' = 58\,(1 - 0{,}4796) = 58 \cdot 0{,}5204$ $= 30{,}183$ mm.

14. Einiges über das schiefwinklige Dreieck. Die Berechnungen an Werkstücken werden fast ausnahmslos durch Zurückführung auf das *rechtwinklige* Dreieck gelingen. Diese Berechnungsweise bietet den Vorteil, das auf trigonometrischem Wege ermittelte Ergebnis durch Anwendung des „Pythagoras" nachprüfen zu können (vgl. Aufg. 3 S. 21). Dennoch soll einiges über die Berechnung des *schiefwinkligen* Dreiecks gebracht werden. Eine erschöpfende Behandlung ist im Rahmen dieses Buches unmöglich; sie ist auch entbehrlich.

Der Sinussatz. *Lehrsatz:* In jedem Dreieck verhalten sich die Seiten wie die Sinus der gegenüberliegenden Winkel.

Behauptung (Abb. 26): $a : b = \sin \alpha : \sin \beta$. (Sprich: Seite a verhält sich zu Seite b wie der Sinus von Winkel α zum Sinus des Winkels β.)

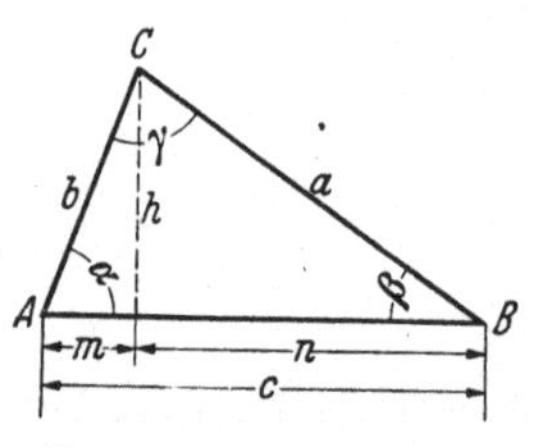

Beweis: Zum Beweise ziehen wir die Höhe h von C auf AB. Dann ist $\sin \alpha = \dfrac{h}{b}$ und $\sin \beta = \dfrac{h}{a}$. Teilen wir die erste Gleichung durch die zweite, so erhält man $\dfrac{\sin \alpha}{\sin \beta} = \dfrac{h \cdot a^{*}}{b \cdot h}$; gekürzt $\dfrac{\sin \alpha}{\sin \beta} = \dfrac{a}{b}$, als Proportion[1] geschrieben

$$\text{I.} \quad \sin \alpha : \sin \beta = a : b .$$

In gleicher Weise läßt sich beweisen:

$$\text{II.} \quad \sin \alpha : \sin \gamma = a : c .$$

$$\text{III.} \quad \sin \beta : \sin \gamma = b : c .$$

Abb. 26. Das schiefwinklige Dreieck.

Führe die Beweise selbständig aus! Für II benutze die Höhe von B auf AC; für III benutze die Höhe von A auf BC!

Anwendung des Sinussatzes:

a) Sind in einem schiefwinkligen Dreieck 1 Seite und 2 Winkel gegeben, so sind die übrigen Werte zu errechnen.

1. Aufgabe: Seite $a = 48$ mm; $\alpha = 46° 30'$; $\beta = 64° 10'$. Berechne γ, b und c.

Lösung: 1. $\gamma = 180° - 46° 30' - 64° 10'$; $\gamma = 180° - 110° 40'$; $\gamma = 69° 20'$.

2. $\sin \alpha : \sin \beta = a : b$; das ist $\sin 46° 30' : \sin 64°10' = 48 : b$. Laut Tabelle $0{,}7254 : 0{,}9001 = 48 : b$; folglich $b = \dfrac{0{,}9001 \cdot 48}{0{,}7254}$; $b = \dfrac{43{,}2048}{0{,}7254}$; $b = 59{,}559$ mm.

3. $\sin \alpha : \sin \gamma = a : c$; das ist $\sin 46° 30' : \sin 69° 20' = 48 : c$. Laut Tabelle $0{,}7254 : 0{,}9356 = 48 : c$; folglich $c = \dfrac{0{,}9356 \cdot 48}{0{,}7254}$; $c = \dfrac{44{,}9088}{0{,}7254}$; $c = 61{,}908$ mm.

2. Aufgabe:

$b = 110$ mm	$a = 180$ mm	$c = 250$ mm	$a = 90$ mm
$\beta = 51° 30'$	$\alpha = 25°$	$\gamma = 74° 20'$	$\alpha = 50° 10'$
$\alpha = 12° 30'$	$\gamma = 86°$	$\alpha = 18° 30'$	$\beta = 84° 20'$

Berechne die fehlenden Seiten und Winkel!

---

* Man teilt einen Bruch, indem man den Teiler umkehrt und malnimmt. Vgl. Werkstattbuch 63, Abschn. 6!

[1] Über Wesen und Bedeutung der Proportion s. Werkstattbuch 63, Abschn. 16. Nur das Wichtigste sei an dieser Stelle wiederholt:

1. $4 : 9 = 12 : 27$. Die 9 und 12 sind die inneren Glieder; 4 und 27 sind die äußeren Glieder. 9 mal 12 = 108; ebenfalls 4 mal 27 = 108. Man sagt: Das Produkt der innern Glieder ist gleich dem Produkt der äußern Glieder.

2. $4 : 9 = x : 27$; dann ist $x = \dfrac{4 \cdot 27}{9}$, gekürzt $x = \dfrac{4 \cdot 3}{1}$; $x = 12$. Man sagt: Das unbekannte innere Glied wird gefunden, indem man die äußeren Glieder malnimmt und durch das bekannte innere Glied teilt.

3. $x : 9 = 12 : 27$; dann ist $x = \dfrac{9 \cdot 12}{27}$, gekürzt $x = \dfrac{1 \cdot 4}{1}$; $x = 4$. Man sagt: Das unbekannte äußere Glied wird gefunden, indem man die inneren Glieder malnimmt und durch das bekannte äußere Glied teilt.

Anleitung: Wähle unter I, II und III die Proportion aus, die die gegebenen 3 Werte enthält, und berechne dann die unbekannte, vierte Größe! Sind z. B. b, β und α bekannt, so kommt Proportion I in Frage; sind c, α und γ bekannt, so kommt Proportion II in Frage usf.

b) 2 Seiten und 1 Winkel (doch nicht der von den beiden Seiten eingeschlossene Winkel) sind bekannt.

3. Aufgabe: $b = 100$ mm; $c = 85$ mm; $\beta = 60°\,20'$. Berechne a, α, γ!

Lösung: 1. Proportion III ist zu wählen, da sie die bekannten Werte b, c und β enthält. γ ist dadurch zu finden. Also $\sin\beta : \sin\gamma = b : c$; das ist $\sin 60°\,20' : \sin\gamma$ $= 100 : 85$. Laut Tabelle $0{,}8689 : \sin\gamma = 100 : 85$; folglich $\sin\gamma = \dfrac{0{,}8689 \cdot 85}{100}$; $\sin\gamma = 0{,}738565$; folglich laut Tabelle $\gamma = 47°\,37'$.

2. $\alpha = 180° - 60°\,20' - 47°\,37'$; also $\alpha = 180° - 107°\,57'$; $\alpha = 72°\,3'$.

3. Um Seite a zu finden, wählen wir Proportion I (oder II) aus, da sie a enthält und die andern 3 Werte bekannt sind. Also $\sin\alpha : \sin\beta = a : b$; das ist $\sin 72°\,3' : \sin 60°\,20' = a : 100$. Laut Tabelle $0{,}9514 : 0{,}8689 = a : 100$; folglich $a = \dfrac{0{,}9514 \cdot 100}{0{,}8689}$; $a = 109{,}49$ mm.

4. Aufgabe:

$a = 80$ mm	$b = 140$ mm	$a = 25{,}5$ mm	$a = 210$ mm
$b = 65$ mm	$c = 95$ mm	$c = 42{,}8$ mm	$b = 380$ mm
$\alpha = 68°\,10'$	$\gamma = 30°\,30'$	$\gamma = 56°\,20'$	$\beta = 68°$

Berechne die unbekannten Seiten und Winkel!

c) Zwei Seiten und der von ihnen eingeschlossene Winkel sind bekannt.

5. Aufgabe: $b = 150$ mm; $c = 200$ mm; $\alpha = 50°\,30'$. Berechne a, β, γ!

Lösung: Wohl ist eine unmittelbare Lösung möglich[1]; aber *unsere* bisher erworbenen Kenntnisse gestatten nur eine Lösung auf kleinem Umwege. Wir ziehen die Höhe h von C auf AB und führen dadurch die Lösung auf die Berechnung des rechtwinkligen Dreiecks zurück (Abb. 26).

$$
\begin{aligned}
&\text{1. } \sin\alpha = \frac{h}{b} \\
& \sin 50°\,30' = \frac{h}{150} \\
& 0{,}7716 = \frac{h}{150} \\
& 0{,}7716 \cdot 150 = h \\
& 115{,}74 = h
\end{aligned}
\qquad
\begin{aligned}
&\text{2. } \operatorname{tg}\alpha = \frac{h}{m} \\
& \operatorname{tg} 50°\,30' = \frac{h}{m} \\
& 1{,}2131 = \frac{115{,}74}{m} \\
& m = \frac{115{,}74}{1{,}2131} \\
& m = 95{,}409
\end{aligned}
\qquad
\begin{aligned}
&\text{3. } n = c - m \\
& n = 200 - 95{,}409 \\
& n = 104{,}591 \text{ mm}
\end{aligned}
$$

$$
\begin{aligned}
&\text{4. } \operatorname{tg}\beta = \frac{h}{n} \\
& \operatorname{tg}\beta = \frac{115{,}74}{104{,}591} \\
& \operatorname{tg}\beta = 1{,}1066 \\
& \beta = 47°\,54' \\
& \text{(laut Tabelle)}
\end{aligned}
\qquad
\begin{aligned}
&\text{5. } \sin\beta = \frac{h}{a} \\
& \sin 47°\,54' = \frac{115{,}74}{a} \\
& 0{,}7420 = \frac{115{,}74}{a} \\
& a = \frac{115{,}74}{0{,}7420} \\
& a = 155{,}983 \text{ mm}
\end{aligned}
\qquad
\begin{aligned}
&\text{6. } \gamma = 180° - \alpha - \beta \\
& \gamma = 180° - 50°\,30' - 47°\,54' \\
& \gamma = 180° - 98°\,24' \\
& \gamma = 81°\,36'
\end{aligned}
$$

---

[1] Siehe Kosinussatz (S. 28).

6. Aufgabe:

$c = 76,2$ mm	$b = 40$ mm	$b = \ \ 86$ mm	$a = 16,2$ mm
$a = 62,5$ mm	$a = 56,2$ mm	$c = 104$ mm	$c = 48$ mm
$\beta = 36°\,40'$	$\gamma = 72°\,30'$	$\alpha = \ \ 58°\,10'$	$\beta = 36°\,40'$

Anmerkung: Sind die *drei Seiten* eines schiefwinkligen Dreiecks bekannt, und sollen die Winkel berechnet werden, so gehört ein erweitertes, aus trigonometrischen Lehrbüchern erworbenes Wissen zur Lösung dieser Aufgaben. Der Leser, der über ein solches Wissen verfügt, wird mittels der Formel

$$\sin \frac{\alpha}{2} = \sqrt{\frac{(s-b)(s-c)}{bc}}$$

leicht zum Ziele gelangen. Erinnert sei daran, daß s den *halben* Umfang des Dreiecks bedeutet, z. B. $a = 20$ mm; $b = 25$ mm; $c = 31$ mm. Wie groß sind α, β, γ? Lösung: $s = (20 + 25 + 31) : 2 = 38$ mm.

$$1.\ \sin \frac{\alpha}{2} = \sqrt{\frac{(s-b)(s-c)}{bc}} = \sqrt{\frac{(38-25)(38-31)}{25 \cdot 31}} = \sqrt{\frac{13 \cdot 7}{775}} = \sqrt{\frac{91}{775}} = \sqrt{0,117419}$$

$= 0,3427$; $\sin \dfrac{\alpha}{2} = 0,3427$; folglich laut Tabelle $\dfrac{\alpha}{2} = 20°\,2'$; $\alpha = 40°\,4'$.

2. Mittels Formel I ist nun β zu finden. 3. γ ist dann $180° - (\alpha + \beta)$.

Der Kosinussatz. Der Fortgeschrittene kann den kleinen Umweg in der Lösung der 5. Aufgabe vermeiden, wenn er sich des *Kosinussatzes* bedient. Dieser lehrt die unbekannte 3. Seite finden, wenn die beiden anderen Seiten und der von ihnen eingeschlossene Winkel bekannt sind. Die Formel, deren Ableitung hier übergangen wird, lautet

$$a = \sqrt{b^2 + c^2 - 2 \cdot b \cdot c \cdot \cos \alpha}\ .$$

In Worten: Die unbekannte Seite (a) wird gefunden, wenn man die Summe der Quadrate der beiden bekannten Seiten ($b^2 + c^2$) um das doppelte Produkt aus beiden Seiten, das mit dem cos des eingeschlossenen Winkels malgenommen wurde ($2 \cdot b \cdot c \cdot \cos \alpha$), vermindert und dann die Quadratwurzel zieht. Die 8. und 9. Aufgabe zeigen die Anwendung des Kosinussatzes.

Anmerkung: Dem Fortgeschrittenen sei hier noch folgendes ins Gedächtnis zurückgerufen. Im schiefwinkligen Dreieck treten oftmals auch stumpfe Winkel auf, für die dann die Funktionswerte zu suchen sind. Wenn α ein *stumpfer* Winkel ist, so ist

1. $\sin \alpha = \sin (180° - \alpha)$	3. $\operatorname{tg} \alpha = -\operatorname{tg} (180° - \alpha)$
2. $\cos \alpha = -\cos (180° - \alpha)$	4. $\operatorname{ctg} \alpha = -\operatorname{ctg} (180° - \alpha)$

Beachte, daß die drei letzten Werte Minuswerte sind!

Beispiel zu 1: $\sin 148°\,20' = \sin (180° - 148°\,20') = \sin 31°\,40' = 0,5250$.

Beispiel zu 2: $\cos 165°\,10' = -\cos (180° - 165°\,10') = -\cos 14°\,50'$ $= -0,9681$.

Beispiel zu 3: $\operatorname{tg} 125° = -\operatorname{tg} (180° - 125°) = -\operatorname{tg} 55° = -1,4281$.

Beispiel zu 4: $\operatorname{ctg} 100°\,30' = -\operatorname{ctg} (180° - 100°\,30') = -\operatorname{ctg} 79°\,30'$ $= -0,1853$.

7. Aufgabe: Suche die genaue Funktion für folgende Winkel:

$\sin 116°\,30'$	$\cos 168°\,10'$	$\operatorname{tg} \ \ 99°\,12'$	$\cos 125°\,33'$
$\operatorname{tg} \ \ 98°\,40'$	$\operatorname{ctg} 112°\,20'$	$\sin 115°\,40'$	$\sin 162°\,48'$

Anwendung des Kosinussatzes. In der Praxis müssen mitunter genaue Blechteile, Schablonen u. dgl. angefertigt werden. Sind Seiten oder Winkel dieser Werkstücke zu berechnen, so löst man ihre Form in Dreiecke auf.

8. Aufgabe: Ein Blechteil soll die genaue Form ABC von Abb. 27 erhalten. Zwei Seiten ($a = 48$ mm, $b = 36$ mm) und der eingeschlossene Winkel ($\gamma = 112°$) sind bekannt. Die dritte Seite (c) ist zu berechnen.

Lösung: a) *Durch Zurückführung auf das rechtwinklige Dreieck*: Wir fällen von A das Lot auf die Verlängerung von BC, so daß das rechtwinklige Dreieck ADC entsteht. (Es ist in ähnlichen Aufgaben stets das Lot zu fällen, das den gegebenen Winkel nicht zerschneidet!)

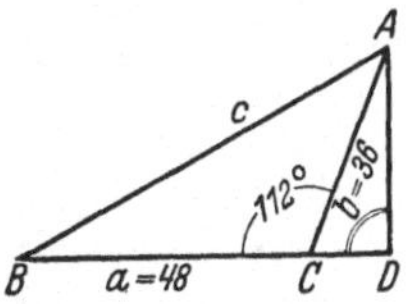

1. $\sphericalangle ACD = 180° - 112°; \quad \sphericalangle ACD = 68°$

2.
$$\cos 68° = \frac{CD}{36}$$
$$0{,}3746 = \frac{CD}{36}$$
$$0{,}3746 \cdot 36 = CD$$
$$13{,}4856 = CD$$

3. $BD = 48 + 13{,}4856$
$BD = 61{,}4856 \approx 61{,}486$

Abb. 27. Berechnung eines Dreiecks mit stumpfen Winkel.

4.
$$\sin 68° = \frac{AD}{36}$$
$$0{,}9272 \cdot 36 = AD$$
$$33{,}3792 = AD$$

5. $c^2 = 61{,}486^2 + 33{,}379^2$
$$c = \sqrt{61{,}486^2 + 33{,}379^2}$$
$$c = \sqrt{3780{,}528196 + 1114{,}157741}$$
$$c = \sqrt{4894{,}685937}$$
$$c = 69{,}962 \text{ mm}.$$

b) *Mittels des Kosinussatzes*:

$$c = \sqrt{48^2 + 36^2 - 2 \cdot 48 \cdot 36 \cdot \cos 112°}$$
$$c = \sqrt{2304 + 1296 - 2 \cdot 48 \cdot 36 \cdot (-0{,}3746)}$$
$$c = \sqrt{2304 + 1296 - (-1294{,}6176)}$$
$$c = \sqrt{2304 + 1296 + 1294{,}6176}*$$
$$c = \sqrt{4894{,}6174}$$
$$c = 69{,}9615 \text{ mm}.$$

Nebenrechnung:
$$\cos 112° = -\cos(180° - 112°)$$
$$= -\cos 68°$$
$$= -0{,}3746$$

9. Aufgabe: Ein Werkstück hat die Form eines unregelmäßigen Zehnecks (s. Abb. 28). Die äußeren Kanten (a bis k) sind zu berechnen.

Lösung: a) *Durch Zurückführung auf das rechtwinklige Dreieck*: Wir ziehen, um die Seite a zu berechnen, eine Senkrechte, die den Winkel (76°) nicht zerteilt, und nennen sie h. Dann ist

1.
$$\sin 76° = \frac{h}{90}$$
$$0{,}9703 \cdot 90 = h$$
$$87{,}327 = h$$

2.
$$\operatorname{tg} 76° = \frac{h}{x}$$
$$4{,}0108 = \frac{87{,}327}{x}$$
$$x = \frac{87{,}327}{4{,}0108}$$
$$x = 21{,}772$$

3. $y = 85 - 21{,}772$
$y = 63{,}228$

4.
$$a^2 = h^2 + y^2$$
$$a = \sqrt{h^2 + y^2}$$
$$a = \sqrt{87{,}327^2 + 63{,}228^2}$$
$$a = \sqrt{11\,623{,}784913}$$
$$a = 107{,}814 \text{ mm}.$$

---

* Eine Minusklammer wird gelöst, indem man die Vorzeichen umkehrt!

b) *Durch Anwendung des Kosinussatzes:*

$$a = \sqrt{90^2 + 85^2 - 2 \cdot 90 \cdot 85 \cdot \cos 76°}$$
$$a = \sqrt{8100 + 7225 - 15\,300 \cdot 0,2419}$$
$$a = \sqrt{15\,325 - 3701,07}$$
$$a = \sqrt{11\,623,93}$$
$$a = 107,814 \text{ mm}.$$

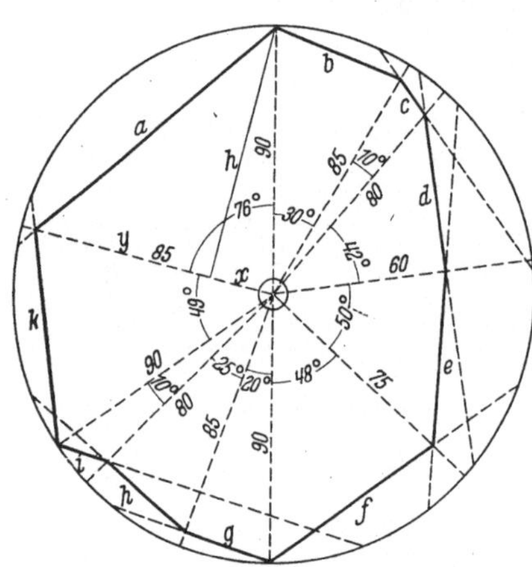

Abb. 28. Berechnung der Kantenlängen eines unregelmäßig geformten Blechteiles.

In gleicher Weise sind die Kantenlängen b bis k zu berechnen; denn jede Kante ist Seite eines Dreiecks, in welchem die beiden andern Seiten und der von ihnen eingeschlossene Winkel bekannt sind. Es sind möglichst beide Lösungsarten anzuwenden, da man dadurch eine größere Gewähr für die Richtigkeit hat.

Die 8. und 9. Aufgabe verlangten, die fehlende 3. Seite zu berechnen. Ist sie gefunden worden, so können in leichter Weise auch die beiden unbekannten Winkel festgestellt werden, und zwar durch Anwendung des Sinussatzes. Zum Beispiel: Nach Abb. 27 ist $\sin \alpha : \sin \gamma = a : c$; $\sin \alpha : \sin 112° = 48 : 69,962$; $\sin \alpha : \sin 68°* = 48 : 69,962$; $\sin \alpha : 0,9272 = 48 : 69,962$; $\sin \alpha = \dfrac{0,9272 \cdot 48}{69,962}$;

$\sin \alpha = 0,6361$; laut Tabelle $\alpha = 39° 30'$;

$\beta = 180° - (\alpha + \gamma)$; $\quad \beta = 180° - (39° 30' + 112°)$; $\quad \beta = 180° - 151° 30'$; $\quad \beta = 28° 30'$.

II. Technischer Teil.

Nach dem vorbereitenden Teil kann nunmehr zur Verwertung der erworbenen Kenntnisse in der Praxis geschritten werden. An einer Reihe von Beispielen wird die für Feinstarbeiten[1] notwendige Arbeitsfolge nebst dem dazugehörenden Rechnen und Messen gezeigt werden.

---

* Siehe S. 28: $\sin 112° = \sin (180° - 112°) = \sin 68°$.

[1] Unter Anlehnung an das Normblatt DIN 140, Bl. 1…6 haben die in Zeichnungen angewandten Bearbeitungszeichen für den Lehrenbau folgende Bedeutung:

~ rohe Fläche, gröbere Mängel (vom Gießen oder Schneiden) durch Überschleifen oder Überfeilen beseitigt.

▽ ein- oder mehrmaliges Schruppen. Riefen dürfen fühlbar und sichtbar sein.

▽▽ ein- oder mehrmaliges Schlichten, Riefen dürfen mit bloßem Auge noch sichtbar sein.

▽▽▽ schlichten, Riefen dürfen mit bloßem Auge nicht mehr sichtbar sein. Also schleifen, wenn gehärtet wird. Auf solche Flächen muß demnach bei zu härtenden Teilen Schleifmaß zugegeben werden.

▽▽▽▽ Feinstbearbeitung (Läppen). Bei diesem Zeichen, das in den Normen nicht vorgesehen, für den Lehrenbau aber zweckmäßig ist, muß auch der Rundschleifer noch 0,01 bis 0,02 mm, je nach der verlangten Sauberkeit des Schliffs, zugeben. Der Dreher hat besonders bei denjenigen Flächen auf die Bearbeitungszeichen zu achten, die für ihn als Fertigflächen gelten.

A. Verwendung von Meßrollen und Meßdrähten (Meßrollenverfahren).

15. Genauarbeiten beim Herstellen eines Kegeldornes. Aufgabe: Ein Dreher soll nach der Skizze Abb. 29 einen Kegeldorn drehen[1].

Lösung: **a)** Errechnung der zur Einstellung notwendigen Gradzahl. Aus den Angaben der Zeichnung ist ersichtlich, daß der Kegel eine Steigung von 1 : 5 haben soll, d. h. auf 5 mm Länge „steigt" der Durch-messer des Kegels um 1 mm; das sind bei 100 mm Länge 20 mm Steigung. In Abb. 30 stellt der obere Teil den eingespannten abgestumpften Kegel dar, der untere Teil den Flansch des Werkzeugschlittens. Soll der Kegel abgedreht werden, so muß die Achse NO des Schlittens mit der Kante CD des Kegels gleich-laufen. Sie muß also um den Winkel v verstellt werden. Die Größe dieses Winkels ist leicht zu ermitteln, denn $\sphericalangle v = \sphericalangle u$, da MO parallel zu EF läuft und MR pa-rallel zu EH. Winkel u ist spitzer Winkel

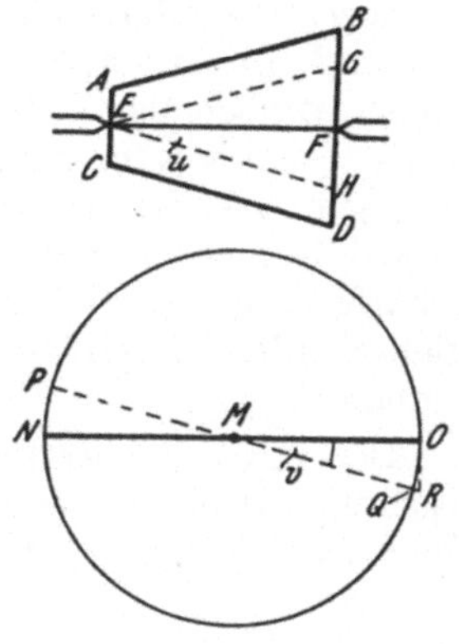

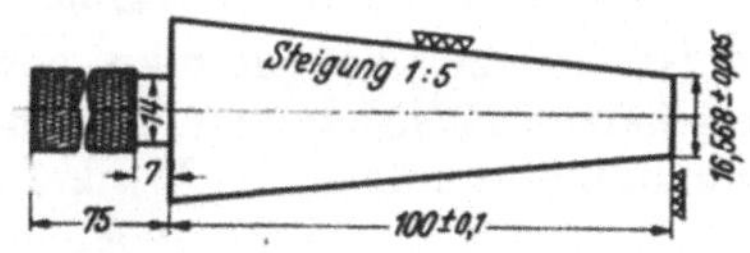

Abb. 29. Kegeldorn aus Werkzeugstahl.   Abb. 30. Das Drehen eines Kegels.

in dem rechtwinkligen Dreieck EFH; folglich tg $u = \dfrac{FH}{FE}$. FE ist die Kegellänge, also 100 mm; FH ist die halbe Steigung, also 10 mm. tg u also gleich $\dfrac{10}{100} = 10 : 100$

$= 0,1$. Wir schreiben im Hinblick auf unsere 4stellige Tangententabelle 0,1000, was ja den Wert der Zahl nicht ändert. Diese Zahl suchen wir in der Tangens-tabelle auf und lesen als Winkel 5° 40′ ab. Genau wären es 5° 43′. Abgesehen davon, daß diese Genauigkeit gar nicht eingestellt werden kann, ist sie auch nicht nötig. Selbst wenn der Dreher den Schlitten auf 5° 30′ (5$^1/_2$ Grad) ein-stellen würde, könnte ihm noch kein Vorwurf ge-macht werden; denn er muß ja sowieso 0,6 mm Schleifmaß zugeben; also statt des in der Zeichnung angegebenen Maßes von 16,568 mm sind 17,2 mm zu drehen. Schleifzugabe kommt nur für den Mantel

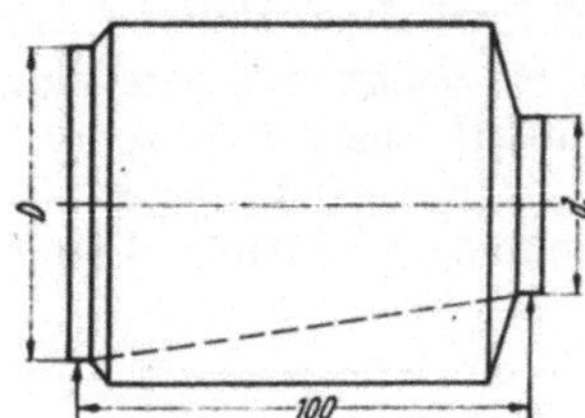

Abb. 31. Kegeleinstellung.

und für die untere Stirnfläche in Frage. Alles andere kann sauber auf Fertigmaß gedreht werden. Ein anderes Verfahren der Kegelein-stellung geht vom kleinsten und größten Kegeldurchmesser aus. An den Kegelenden werden der Kleinst- und Größtdurchmesser (d und D Abb. 31) mit mindestens 1 mm Meßzugabe auf wenige Millimeter Länge zylindrisch angedreht. Beim Antasten der kurzen Zylinder mit einer im Support eingespannten Meßuhr im Abstand der Kegellänge darf bei richtig eingestelltem Support die Meßuhr praktisch keine Abweichung zeigen.

b) Das Härten[2]. Um den Härteverzug in engen Grenzen zu halten, ist das Werkstück vor dem Härten zur Aufhebung der durch die Bearbeitung verursachten Spannungen zu glühen. Es genügt hierfür eine Temperatur zwischen 650 und

---

[1] Näheres über Kegeldrehen s. Werkstattbuch Heft 63 „Der Dreher als Rechner".

[2] Ausführlich wird das Härten in den Werkstattbüchern Heft 7 und 8 behandelt.

700° C und eine nachfolgende langsame Abkühlung entweder im Ofen oder in dem wärmeträgen Mittel Kieselgur. Die Härtetemperatur, auf die das Werkstück langsam zu bringen ist, liegt für unlegierte und schwachlegierte Werkzeugstähle mit über 1% Kohlenstoff zwischen 740 und 780° C. Je nach dem vorliegenden Stahl ist mit Öl oder Wasser abzulöschen und sofort anschließend 5 Stunden bei 100° C anzulassen. Diese Zeit ist zur Verhinderung nachträglicher Volumenänderung unerläßlich und muß nach dem folgenden Vorschleifen nochmals 5 Stunden wiederholt werden, um Maßveränderungen des Werkzeuges zu verhindern. Das gilt auch für alle anderen Lehrwerkzeuge. Es folgt dann eine Härteprüfung mit einem anzeigenden Härteprüfgerät, das eine Vickers- oder Rockwell-Skala aufweist. Nach letzterer soll die Mindesthärte eines Lehrwerkzeuges 62 Rc-Einheiten betragen. Als Behelf kann eine Härtefeile dienen, mit der an Hand von Vergleichsproben bekannter Härte die Prüfung vorzunehmen ist. Vielleicht genügt auch eine scharfe Schlichtfeile, die man langsam mit festem Druck über das Werkstück gleiten läßt. Sie darf nicht anfassen. Neuerdings werden Meßflächen vielfach hart verchromt[1], was eine Rockwellhärte von etwa 70 ergibt.

Den etwa aufgetretenen Härteverzug behebt man, soweit erforderlich, durch Richten mit einem besonders harten Richthammer, dessen Hammerfinne wie eine Meißelschneide geformt (Abb. 32), aber mit einem Winkel von etwa 120° versehen ist. Das möglichst auf 100° erhitzte Werkstück liegt beim Richten mit seiner erhabenen Seite auf einem harten, balligen Setzstock auf. Mit leichten Dengelschlägen streckt die Hammerschneide an der Berührungsstelle das Werkstück, wobei auf eine satte Auflage gegenüber dem Hammer zu achten ist; anderenfalls geht das Werkstück leicht durch Prellschläge zu Bruch.

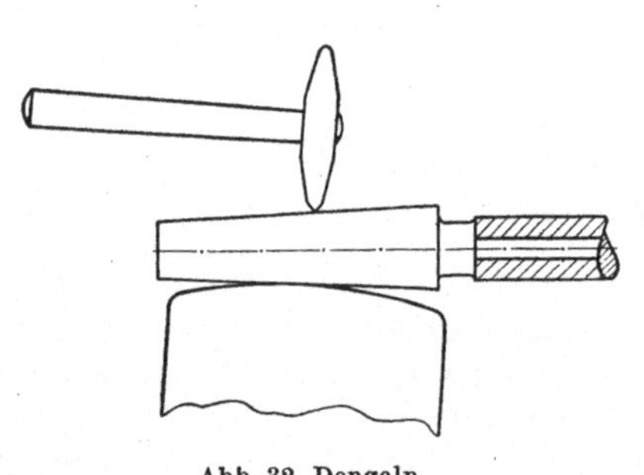

Abb. 32. Dengeln.

c) Das Rundschleifen. Einwandfreier Rundschliff zwischen Spitzen verlangt nicht nur gute Zentrierspitzen (möglichst mit Hartmetall bestückt), sondern auch sauberste Zentrierbohrungen am Werkstück. Die Zentrierbohrungen sind aufs sorgfältigste auszuschleifen. Das geschieht zweckmäßig mittels kleiner Schleifmaschinen. Das eine Ende des Werkstückes wird in eine Körnerspitze gesetzt, während das andere Ende mittels eines Schleifstiftes, der eine sehr hohe Umdrehungszahl hat, bearbeitet wird. Diese Arbeit kann auch auf einer kleinen Schnell-

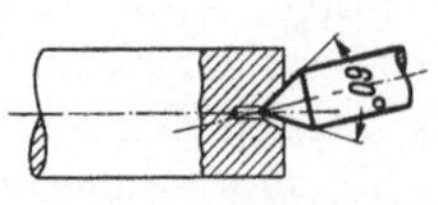

Abb. 33. Falsche Herstellung der Körnerbohrung.

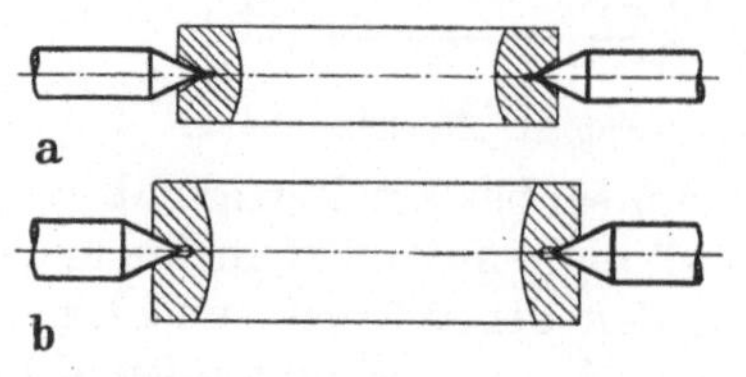

Abb. 34a und b. Werkstück mit falschen (a) und richtigen (b) Körnerlöchern.

drehbank oder Bohrmaschine ausgeführt werden. Es ist aber unbedingt darauf zu achten, daß der Bohrer oder Schleifstift bei Herstellung der Zentrierbohrungen genau in der Werkstückachse arbeitet (Abb. 33). Ist das nicht der Fall, so wird der Winkel statt der genormten 60 Grad größer und das Werkstück wird

---

[1] Vgl. Werkstattbuch Heft 67 „Prüfen und Instandhalten von Werkzeugen und anderen Betriebshilfsmitteln", Abschn. „Hart- und Mattverchromen".

nie genau laufen, weil die Aufnahmekörner die Zentrierbohrungen nicht voll ausfüllen, sondern nur tangentenartig berühren (Abb. 34a u. b). Nach der geringsten Abnützung der Zentrierbohrung, die gerade dann sehr schnell eintritt, wenn sie nach der falschen Art ausgeführt wurde, fängt das Werkstück an zu schlagen. Da die Zentrierbohrungen ein weit wichtigerer Bestandteil des Werkstückes sind, als in den meisten Fällen angenommen wird, so ist bei Genauarbeiten peinlichst darauf zu achten, daß sie mit äußerster Sorgfalt gesäubert und geglättet werden. Sind dann auch die Aufnahmespitzen der Rundschleifmaschine sauber geschliffen worden, so kann mit dem nächsten Arbeitsgang begonnen werden. Die Senkungen werden auf einer Schleifmaschine glatt geschliffen. In Ermangelung einer solchen Maschine läßt sich diese Arbeit auch mit einem kegelig gedrehten, gut laufenden, mit Läppmittel und Öl benetzten gußeisernen Läppdorn auf einer Drehbank von der Reitstockspitze aus vornehmen. Da die Läppkegelspitzen sich leicht abnutzen, sind sie öfter nachzuarbeiten und beim Läppen nur leicht anzudrücken. Der Rundschliff beginnt an der Stirnplanfläche am kleinen Durchmesser. Die Reitstockspitze muß hierbei, um der Schleifscheibe genügend Raum zu lassen, bis zum Zentriersenkungsdurchmesser abgeflacht sein. In der Bettschlittennullstellung bei sorgfältig abgerichteter Stirnfläche der Schleifscheibe erfolgt der Stirnschliff, wobei die Geradheit der Fläche mit einem Messerlineal zu prüfen ist. Eine ballige Stirnfläche wird beim Messen des Kegels stören. Dann wird der Bettschlitten zum Kegelschliff auf den bekannten Winkel 5° 43′ eingestellt oder bei gut laufendem Werkstück nach dem gut vorgedrehten Kegel ausgerichtet. Das genaue Winkelmaß wird sich beim Schleifen erst nach wiederholten Messungen finden lassen. In größeren Betrieben bedient man sich zum Messen der Winkel eines Werkstattmikroskops oder auch eines Universal-Meßmikroskops, kurz U. M. M. genannt. Es soll ein Meßverfahren gezeigt werden, das genau so sicher arbeitet, aber weniger kostspielig ist. Alle Hilfswerkzeuge können, falls sie nicht schon vorhanden sind, im Betrieb hergestellt werden.

d) Das Messen. 1. Das Nachprüfen der *Kegelsteigung*: Wie schon erwähnt wurde, kann der Bettschlitten zunächst nur *annähernd* auf den genauen Winkel eingestellt werden. Die endgültige Einstellung wird meistens erst erfolgen können, wenn eine rechnerische Nachprüfung den bisher erzielten Grad der Genauigkeit der Kegelsteigung festgestellt hat. Zu diesem Nachprüfen benutzen wir die Meßrollen, auch Meßzylinder oder Prüfzylinder genannt. Zunächst schleifen wir den Mantel des Kegels so weit sauber, daß am Ende ein Gürtel von etwa 20 mm Höhe entsteht. Einen gleichen Gürtel stellen wir in Höhe von 80 mm her. Diese blanken Flächen gebrauchen wir zur Maßkontrolle. Wenn sich zwischen den beiden blanken Ringen noch schwarze Stellen zeigen, so ist das für unser Messen gleichgültig.

Da man einen Kegel nicht unmittelbar mit der Feinmeßschraube messen kann, so benutzt man Meßrollen von 10···20 mm Durchmesser, mißt zunächst unten (Abb. 35a) und dann genau 80 mm darüber (Abb. 34b). Ist die Steigung richtig, so muß der Unterschied in beiden Maßen genau 16 mm betragen. Denn der Kegel hat ja eine Steigung von 1:5. Beträgt die Steigung aber bei 5 mm Höhe 1 mm, so beträgt sie bei 80 mm Höhe 80:5 = 16 mm.

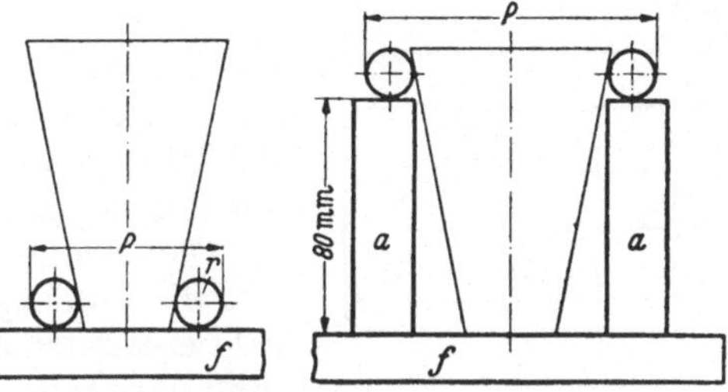

Abb. 35a und b. Messungen am Kegel.
r = Meßrolle; f = Meßplatte; p = Prüfmaß;
a = Endmaße.

Die Meßrollen müssen natürlich gehärtete und geschliffene und genau auf Maß geläppte Rollen sein. Es bleibt ohne Bedeutung, wo die Rollen den Kegel berühren; die Entfernung beträgt auf jeden Fall, natürlich als Höhe gemessen, 80 mm. Von dieser Prüfung hängt das weitere Verhalten ab. Ist der Unterschied mehr als 16 mm, so stellt man den Kegel spitzer, ist er weniger als 16 mm, so stellt man ihn stumpfer, bis man den genauen Unterschied erreicht hat.

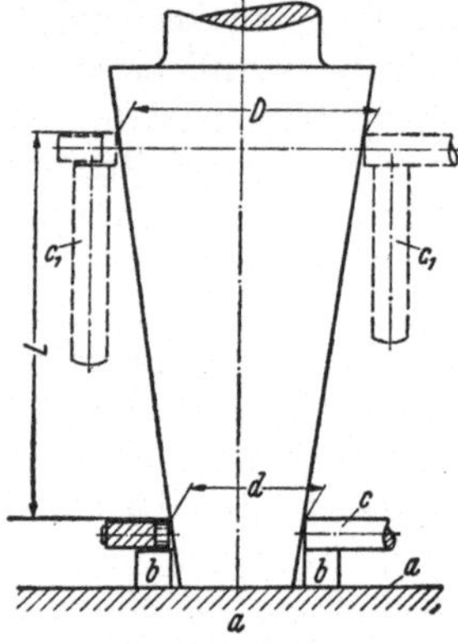
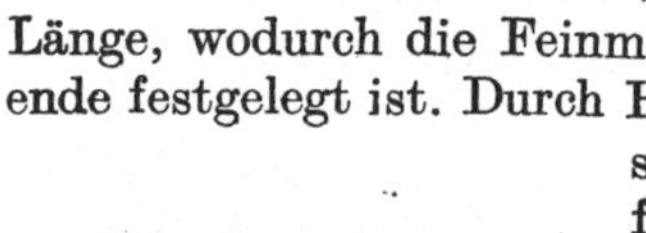

Abb. 36. Nachprüfen der Kegelsteigung.

Ein weiteres Verfahren zum Nachprüfen der Kegelsteigung möge Erwähnung finden. Zur ersten Messung schleift man von dem Kegelmantel soviel herunter, daß die vorbearbeiteten Stellen innerhalb des halben Umfanges liegen. Es gilt nun, das Verhältnis der Kegelsteigung festzustellen. Die Messung läßt sich, wenn eine Feinmeßschraublehre mit Hartmetallflächen zur Verwendung steht, ohne Verwendung von Prüfzylindern durchführen. Der Kegel muß dabei mit seiner Stirnfläche auf einer ausreichend ebenen Platte a, die als Bezugsfläche dient, ruhen (Abb. 36). Rechts und links vom Kegel liegen zwei Parallel-Endmaße b gleicher Länge, wodurch die Feinmeßschraublehre c in ihrer Lage zum dünneren Kegelende festgelegt ist. Durch Hinüberstreifen der Meßflächenkanten über den Kegel stellt man im Augenblicke der Berührung den Maßwert fest. Die Endmaße werden nun durch zwei um einen runden Betrag längere Maße ersetzt, und die Messung wird am dickeren Kegelende wiederholt. Hatte das erste Endmaßpaar 10 mm und das zweite Paar 90 mm Länge, so muß der Unterschied zwischen der ersten und zweiten Messung 16 mm betragen; denn 90—10 mm Endmaßlänge = 80 mm. Bei einer Kegelsteigung von 1 : 5 beträgt die Steigung für 80 mm $\frac{80}{5}$ = 16 mm. Kegel kleinerer Durchmesser, bei denen die Stirnfläche nicht als Auflage dienen kann, werden dabei zwischen Spitzen aufgenommen (Abb. 37a u. b).

2. Das Nachprüfen der *Durchmessermaße*: Wenn die genaue Steigung einwandfrei erzielt worden ist, so schreitet man zum Fertigschliff. Gemessen wird das untere Ende des Kegels, also der kleine Durchmesser. Die Zeichnung Abb. 29 gibt dafür als Maß 16,568 mm an. Zu diesem Maß kann man, wenn sehr sauberer Schliff verlangt wird, für Läppen (Feinschleifen) noch 0,012 mm zugeben; Prüfungsmaß also 16,58 mm.

Die Praxis ist so vielseitig und verschiedenartig, daß die jeweiligen Fälle nicht einfach aus Tabellen abgelesen werden können. Außer der technischen Fertigkeit muß darum von dem Feinstarbeiter auch starke rechnerische Befähigung verlangt werden. Das Ziel der nachfolgenden Anleitung ist, den Leser so weit zu bringen,

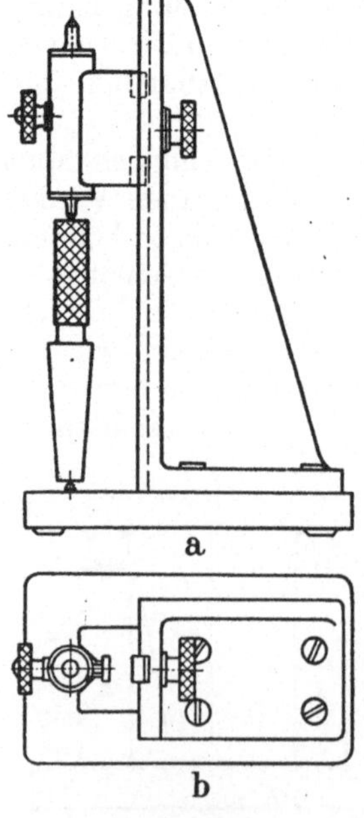

Abb. 37. Nachprüfen der Kegelsteigung.

daß er selbsttätig und selbstdenkend seine Arbeit zu durchdringen erlernt; denn auch eine richtige Denkfolge kann man sich aneignen. In aller Ausführlichkeit wird darum der Gang der nachfolgenden rechnerischen Arbeiten erledigt werden, um dem Leser zu zeigen, wie vorgegangen werden muß, um zur Lösung der Aufgabe zu kommen.

Man beginnt bei den Überlegungen am *Ende*, so seltsam das auch klingt. Das *End*ergebnis in unserm Beispiele soll die genaueste Feststellung des Prüfungsmaßes, kurz P genannt, sein (Abb. 38). Wie lang ist also P? Die Strecke P setzt sich aus den Strecken $MN + NO + OS + ST + TV$ zusammen. MN ist bekannt; es ist der Halbmesser (r) der Meßrolle; MN also $= 5$ mm. NO ist unbekannt Man darf hier nicht den Denkfehler begehen und diese Strecke ebenfalls als r ansehen. Sie wäre gleich r, wenn das Werkstück eine Walze wäre. So aber ist die Strecke größer als r. Strecke OS ist wieder bekannt; sie ist laut Zeichnung einschließlich Läppzugabe 16,58 mm. Strecke $ST = NO$ ist wieder unbekannt. $TV = r = 5$ mm. Bis auf NO (und die gleiche Strecke ST) sind alle Teilstrecken bekannt. Nun geht die Überlegung weiter! Ist die Länge von NO zu finden? Ist NO vielleicht die Seite eines rechtwinkligen Dreiecks, so daß wir mit Hilfe des Pythagoras oder der Winkelfunktionen die Länge finden können? Oder ist NO die Seite eines schiefwinkligen Dreiecks, daß wir mit Hilfe des Sinussatzes ihre Größe feststellen können? Wir sehen, daß NO Kathete in dem rechtwinkligen Dreieck ist, dessen Seiten in Abb. 38 mit a, b und c bezeichnet sind. Ferner wissen

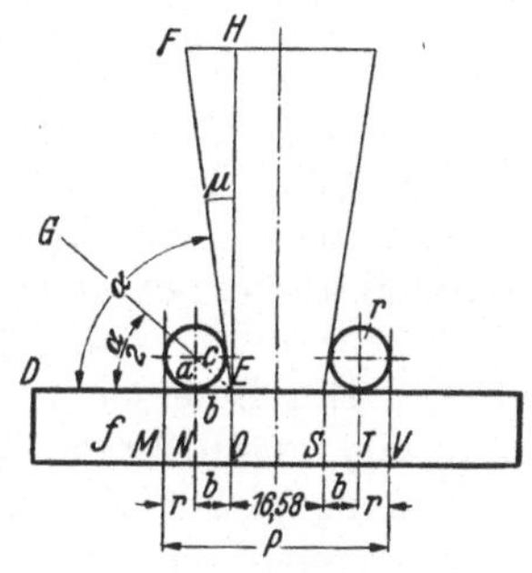

Abb. 38.
Meßberechnungen am Kegel.
r = Meßrolle, 10 mm ∅;
f = Meßplatte.

wir, daß in einem rechtwinkligen Dreieck unbekannte Werte gefunden werden können, wenn 2 Teile bekannt sind. Ist das in diesem Dreieck der Fall? a ist bekannt; es ist als Halbmesser der Meßrolle 5 mm. c ist unbekannt. Aber der Winkel DEF, wir wollen ihn kurz α nennen, ist bekannt; $\alpha = 90° - \sphericalangle u$. Winkel u ist derselbe Winkel, um den der Schlitten beim Kegeldrehen verstellt werden muß. tg u = halbe Kegelsteigung, geteilt durch Kegellänge. Der Winkel DEG ist $= \dfrac{\alpha}{2}$. (Siehe S. 31)

Somit wären wir mit unsern Überlegungen am Ziel; Strecke b ist zu berechnen!

Die Zurückverfolgung, Zerlegung, Zerpflückung der rechnerischen Arbeit ist der schwierigste und wichtigste Teil. Der Mathematiker nennt ihn Analyse, d. h. Zerlegung. Der Zerlegung folgt nun der *Aufbau*, Synthese sagt der Mathematiker dazu. Die Synthese geht den umgekehrten Weg. Sie fängt da an, wo die Analyse aufhörte und baut, mit bestimmten Zahlen rechnend, die Rechnung bis zum Endergebnis auf. Erfordert die Analyse eine richtige Denkfolge, so ist für die Synthese unbedingt sicheres Rechnen nötig.

Wir wollen für die beiden Teile die deutschen Ausdrücke *Überlegung* und *Lösung* benutzen.

Lösung: 1. tg $u = \dfrac{\text{halbe Kegelsteigung}}{\text{Kegellänge}} = \dfrac{10}{100} = 0{,}1000$ (vgl. oben unter a).

Aus der Tangenstabelle lesen wir den abgerundeten Wert 5° 40′ ab. Dieser Wert genügt wohl für Schlittenverstellung beim Kegeldrehen, ist aber für die jetzigen Berechnungen zu ungenau. Wir verbessern ihn, wie wir es S. 19 lernten.

Bei 5° 40′ heißt die Funktion 0,0992, bei 5° 50′ heißt sie 0,1022; Unterschied = 30. Also für 10′ = 30 Unterschied, für 1′ = 3 Unterschied. *Unser* Unterschied beträgt aber 8; denn von 0,0992 bis 0,1000 ist 8. Der Winkel ist also um rund 3′ größer, denn 8 : 3 ist rund 3. Folglich Winkel $u = 5° 43′$.

2. $\alpha = 90° - 5°\,43'$; das ist $84°\,17'$. $\dfrac{\alpha}{2} = 42°\,8^{1}/_{2}'$.

3. $\operatorname{tg} 42°\,8,5' = \dfrac{a}{b}$

$$0,9049 = \frac{5}{b}$$

$$0,9049 \cdot b = 5$$

$$b = \frac{5}{0,9049}$$

$$b = 50\,000 : 9049$$

$$b = 5,5255 \text{ mm}$$

Nebenrechnung:

$\operatorname{tg} 42°\,0' = 0,9004$

$\operatorname{tg} 42°\,10' = 0,9057$

auf $10' = 53$ Unterschied

auf $1' = 5,3$ Unterschied

auf $8,5' = 5,3 \cdot 8,5 = 45,05$

$\operatorname{tg} 42°\,8,5'$ also $0,9004$

$\underline{\qquad +\,0,0045}$

$\qquad\qquad 0,9049$

4. $P = 2 \cdot 5 + 2 \cdot 5,5255 + 16,58, = 10 + 11,051 + 16,58; P = 37,631$ mm.
Ergebnis: Das Prüfungsmaß beträgt 37,631 mm.

Hat man den Gang der Lösung verstanden, so faßt man sich natürlich bedeutend kürzer; etwa so:

Aufgabe: Für einen Kegeldorn nach Art von Abb. 29 gelten folgende Maße: Großer Durchmesser 40 mm; kleiner Durchmesser 24 mm; Kegellänge 112 mm; Läppzugabe 0,012 mm; Meßrolle 10 mm Durchmesser.

Lösung (der Teil „Überlegung" fällt fort, da sich beide Aufgaben gleichen):

1. Ganze Steigung $= 40 - 24 = 16$ mm; halbe Steigung $= 8$ mm.

$\operatorname{tg} u = \dfrac{8}{112} = \dfrac{1}{14} = 1 : 14 = 0,0714$; folglich $\sphericalangle\, u = 4°\,5'$; (Unterschied zwischen $0,0699$ und $0,0729 = 30$; zwischen $0,0699$ und unserm errechneten Wert $0,0714 = 15$. Auf 30 kommen $10'$; auf 3 kommt $1'$; auf 15 kommen $5'$, denn $15 : 3 = 5$).

2. $\alpha = 90 - u = 90 - 4°\,5' = 85°\,55'$; $\dfrac{\alpha}{2} = 42°\,57,5'$.

3. $\operatorname{tg} \dfrac{\alpha}{2} = \dfrac{a}{b}$ (Abb. 38); $\operatorname{tg} 42°\,57,5' = \dfrac{5}{b}$; $0,93115 = \dfrac{5}{b}$; ($\operatorname{tg} 42°\,50' = 0,9271$; $\operatorname{tg} 42°\,60' = 0,9325$; Unterschied 54. Bei $10' = 54$; bei $1' = 5,4$; bei $7,5' = 40,5$; $0,9271 + 40,5 = 0,93115$).

$$b = \frac{5}{0,93115} = 500\,000 : 93\,115 = 5,368 \text{ mm}.$$

4. $P = 2r + 2b + 24,012$; $P = 10 + 10,736 + 24,012$; $P = 44,748$ mm.
Ergebnis: Das Prüfungsmaß beträgt 44,748 mm.

Aufgabe: Setze in obige Aufgabe andere Zahlenwerte aus der Praxis ein und übe bis zur Geläufigkeit!

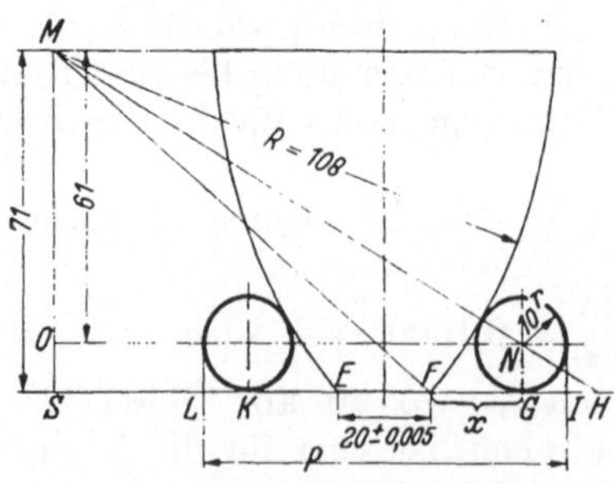

Abb. 39. Kegel mit gewölbtem Mantel.

16. Berechnen eines Kegels mit gewölbtem Mantel. Aufgabe: Nach den Angaben von Abb. 39 ist P zu berechnen.

Überlegung: Das Prüfungsmaß P ist
$P = LK + KE + EF + FG + GJ$.
$P = 10 + x + 20,005 + x + 10$ oder
$P = 2 \cdot x + 2 \cdot 10 + 20,005$.

Die unbekannte Strecke x ist der Unterschied zwischen den beiden Strecken SG und SF; $SG = ON$; ON ist Kathete in dem rechtwinkligen Dreieck MON, in welchem Kathete $MO = 61$ und Hypotenuse $MN = R + r = 118$ ist. Folglich kann NO berechnet werden (Pythagoras!) SF ist Kathete in dem rechtwinkligen Dreieck MSF, in welchem die Kathete $MS = 71$ und Hypotenuse $MF = R = 108$ ist. Folglich kann auch SF berechnet werden.

Lösung: 1. $(SF)^2 = 108^2 - 71^2$ 2. $(ON)^2 = 118^2 - 61^2$
$$= 11\,664 - 5041 \qquad = 13\,924 - 3721$$
$$= 6623 \qquad\qquad = 10\,203$$
$$SF = \sqrt{6623} \qquad\qquad ON = \sqrt{10\,203}$$
$$= 81{,}381 \text{ mm} \qquad\qquad = 101{,}009 \text{ mm}$$

3. $x = 101{,}009 - 81{,}381$; $x = 19{,}628$; $2x = 39{,}256$;

$P = 2x + 2 \cdot 10 + 20{,}005$; folglich $P = 39{,}256 + 20 + 20{,}005 = 79{,}261$.

Ergebnis: Das Prüfmaß beträgt 79,261 mm.

Aufgabe: Setze in obige Aufgabe aus der Praxis heraus andere Zahlenwerte ein und übe bis zur Sicherheit!

17. Berechnung eines Kegels mit schräg abgeschnittener Spitze (Abb. 40). Aufgabe: Gegeben sind die in der Abb. 40 eingetragenen Werte. Die beiden Prüfungsstrecken P_1 und P_2 sind zu berechnen.

a) Überlegung für P_1:

1. $P_1 = 2r_1 + 2x + 56{,}65$.

2. x ist Kathete im rechtwinkligen Dreieck r_1, b, x, in welchem außer r_1 $\frac{\alpha}{2}$ bekannt ist; denn $\alpha = 180° - 74° \, 3' = 105° \, 57'$.

Lösung: 2. $\frac{\alpha}{2} = 52° \, 58{,}5'$; $\operatorname{tg} \frac{\alpha}{2} = \frac{r_1}{x}$; $\operatorname{tg} 52° \, 58{,}5' = \frac{5}{x}$; $1{,}3258 = \frac{5}{x}$;

$x = \frac{5}{1{,}3258}$; $x = 50\,000 : 13\,258$; $x = 3{,}771$ mm; $2x = 7{,}542$ mm; folglich

1. $P_1 = 10 + 7{,}542 + 56{,}65 = 74{,}192$; Ergebnis: $P_1 = 74{,}192$ mm.

b) Überlegungen für P_2. Ein langer Weg ist es, der diesmal zum Ziele führt. Er wird nicht so glatt verlaufen, wie er hier im Buche vor uns steht, wenn er vom Leser selbständig erarbeitet werden soll. Oftmals wird man in eine Sackgasse geraten. Dann beginnt man wieder weiter von vorn mit den Überlegungen!

$P_2 = 43{,}85$ (Zeichnungsmaß) $+$ $h + r_2$; h muß gefunden werden.

1. h ist aus $\left(\beta + \frac{\gamma}{2}\right)$ und d zu berechnen (d und γ müssen gesucht werden).

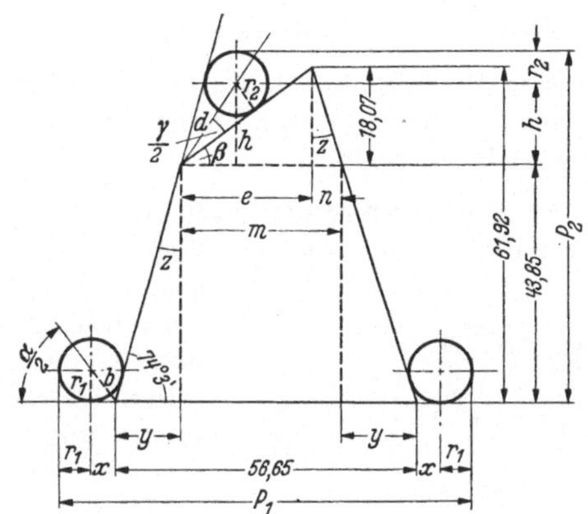

Abb. 40. Kegel mit schräg abgeschnittener Spitze.
Meßrollen: $r_1 = 5$ mm; $r_2 = 6$ mm.

2. d ist aus $\frac{\gamma}{2}$ und r_2 zu bestimmen. (γ ist festzustellen.)

3. $\gamma = 74° \, 3' - \beta$; denn $(\gamma + \beta)$ ist so groß wie der Basiswinkel $74° \, 3'$ als Wechselwinkel der geschnittenen Parallelen. (β ist festzustellen.)

4. β ist aus 18,07 und e zu finden. (e ist festzustellen.)

5. e ist die Strecke $m - n$. (m und n sind festzustellen.)

6. Die Strecke m ist $65{,}65 - 2y$. (y muß festgestellt werden.)

7. y ist aus $\sphericalangle z$ und Strecke 43,85 zu finden. ($\sphericalangle z$ ist festzustellen.)

8. n ist durch 18,07 und $\sphericalangle z$ zu finden. ($\sphericalangle z$ ist festzustellen.)

9. $\sphericalangle z = 90° - 74° \, 3'$ als Winkel im rechtwinkligen Dreieck.

Nunmehr sind wir am Ende unserer Überlegung. Alle Zwischenwerte sind feststellbar!

Lösung: Jeder Rechenfehler auf dem langen Wege kann verhängnisvoll werden. Größte Sorgfalt ist nötig, da es ja um hundertstel und tausendstel mm geht! Die Ausrechnung schreitet den umgekehrten Weg. Sie beginnt also bei 9!

9. $\sphericalangle z = 90° - 74° 3'$; $\sphericalangle z = 15° 57'$.

8. $\operatorname{tg} z = \dfrac{n}{18,07}$; $\operatorname{tg} 15° 57' = \dfrac{n}{18,07}$; $0,2858 = \dfrac{n}{18,07}$; $0,2858 \cdot 18,07 = n$; $n = 5,1644$ mm.

7. $\operatorname{tg} 15° 57' = \dfrac{y}{43,85}$; $0,2858 \cdot 43,85 = y$; $y = 12,5323$ mm.

6. $m = 56,65 - 2y$; $m = 56,65 - 25,0646$; $m = 31,5854$ mm.

5. Strecke $e = m - n$; $e = 31,5854 - 5,1644$; $e = 26,421$ mm.

4. $\operatorname{tg} \beta = \dfrac{18,07}{e} = \dfrac{18,07}{26,421} = 18070 : 26421 = 0,68392$. β (laut Tabelle 1) $= 34° 22'$.

3. $\gamma = 74° 3' - 34° 22'$; $\gamma = 39° 41'$.

2. $\sin \dfrac{\gamma}{2} \quad = \dfrac{r_2}{d}$ 1. $\sin\left(\beta + \dfrac{\gamma}{2}\right) \quad = \dfrac{h}{d}$

$\sin 19° 50,5' = \dfrac{6}{d}$ $\sin 54° 12,5' \quad = \dfrac{h}{d}$

$0,3394 = \dfrac{6}{d}$ $0,8111 = \dfrac{h}{17,678}$

$d = \dfrac{6}{0,3394}$ $0,8111 \cdot 17,6784 = h$ ·

$d = 17,678$ mm. $14,339$ mm $= h$.

$P_2 = 6 + 14,339 + 43,85 = 64,189$;

Ergebnis: $P_2 = 64,189$ mm.

Für P_2 muß eine Meßrolle von 12 mm Durchmesser verwendet werden; 11 mm wären zu klein gewesen; denn Strecke P_2 muß um etwas größer werden als die Gesamthöhe 61,92.

18. Berechnung der Maße eines Gewindedornes[1]. 1. Aufgabe: Es gelten die in der Abb. 41 angegebenen Maße. Ein solches Gewinde wird in der Praxis zwar kaum vorkommen. Es wurde nur gewählt, um die Anwendung des Meßrollenverfahrens nochmals *deutlich* vor Augen zu führen. Es sind diesmal 3 Meßrollen (Meßdrähte) nötig. Als Meßrollen wählen wir solche von $r = 3,5$ mm Halbmesser! Sie sind anzulegen, wie Abb. 41 zeigt.

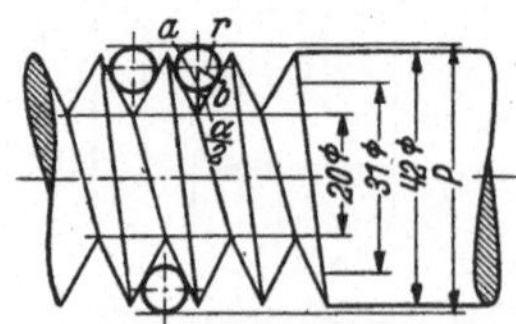

Abb. 41. Gewindedorn.
Kern 20 mm $\varnothing$;   Steigung 10 mm; Gewindewinkel 60°; Meßrollen: 7 oder 8 mm $\varnothing$.

Überlegung: $P = r + a + \text{Kern} + a + r$; $P = 2r + 2a + \text{Kern}$; $P = 7 + 2a + 20$. Es muß Strecke a gefunden werden. In dem rechtwinkligen Dreieck mit den Seiten r, b, a (Abb. 41) ist a die Hypotenuse. Seite r ist bekannt (Meßrolle), $r = 3,5$ mm Ferner ist $\dfrac{\alpha}{2}$ bekannt; es ist die Hälfte des Gewindewinkels α, der laut Angabe 60° ist.

Lösung: $\sin \dfrac{\alpha}{2} = \dfrac{r}{a}$; $\sin 30° = \dfrac{r}{a}$; $0,5000 = \dfrac{3,5}{a}$; $a = \dfrac{3,5}{0,5}$; $a = 3,5 : 0,5$; $a = 7$ mm. Folglich $P = 7 + 2 \cdot 7 + 20$; $P = 7 + 14 + 20$; $P = 41$ mm.

Da die Prüfungsmeßstrecke nur 41 mm, der Außendurchmesser aber 42 mm ist, sind die Meßdrähte von zu kleinem Durchmesser! Wir benutzen jetzt 8 mm Meßdrähte; r also 4 mm; und rechnen noch einmal!

---

[1] Ausführliche Angaben über „Messen und Prüfen von Gewinden" s. Werkstattbuch Heft 65.

$$\sin \frac{\alpha}{2} = \frac{r}{a}; \ 0,5000 = \frac{4}{a}; \ a = \frac{4}{0,5}; \ a = 8 \text{ mm. Folglich } P = 8 + 2 \cdot 8 + 20 = 44.$$

Jetzt ist die Messung ausführbar.

Ergebnis: $P = 44$ mm.

2. Aufgabe: Maße wie Abb. 41; jedoch Gewindewinkel 55 Grad und Meßrollen mit 9 mm Durchmesser.

Überlegung: Wie bei der 1. Aufgabe.

Lösung: $P = 2r + 2a + \text{Kern}; \ P = 2 \cdot 4,5 + 2 \cdot a + 20.$

$$\sin \frac{\alpha}{2} = \frac{r}{a}; \ \sin 27° 30' = \frac{4,5}{a}; \ 0,4617 = \frac{4,5}{a}; \ a = \frac{4,5}{0,4617}. \ a = 9,747 \text{ mm.}$$

$P = 9 + 19,494 + 20 = 48,494.$

Ergebnis: $P = 48,494$ mm.

3. Aufgabe: Wähle Zahlen aus der Praxis und übe an selbstgebildeten Aufgaben bis zur Sicherheit!

B. Das Meßknopfverfahren.

Im folgenden wollen wir uns mit einem Verfahren vertraut machen, das die Genauigkeit des besten Lehrenbohrwerkes erreicht.

19. Genauschnitt mit mehreren Schnittlöchern. Es soll ein Schnitt mit mehreren Schnittlöchern, die zueinander einen ganz genauen Abstand haben müssen, hergestellt werden. Zu einem solchen Schnitt gehören 1. eine Schnittplatte, 2. ein Abstreifer oder eine Führungsplatte und 3. die Stempelaufnahmeplatte. Je genauer der Schnitt hergestellt wird, desto größer wird seine Lebensdauer sein. Bei der Herstellung eines Schnittes wird man immer mit der Schnittplatte beginnen, um dann die Maße der gehärteten Schnittplatte auf die andern beiden Platten zu übertragen.

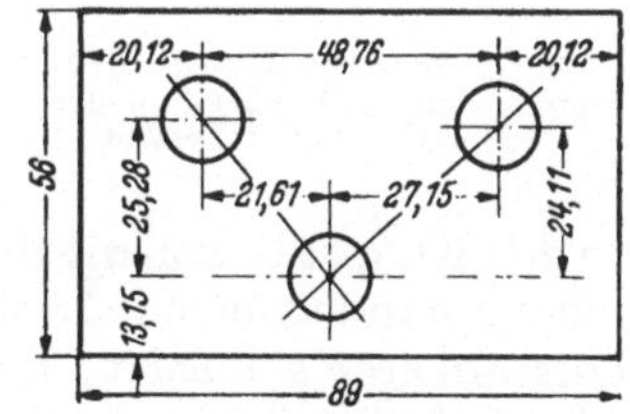

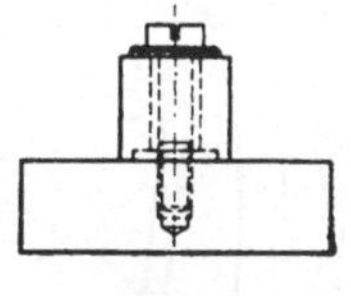

Abb. 42. Schnittplatte.

Wir stellen uns die Aufgabe, nach Abb. 42 mittels eines Verbundschnittes 1 00 0000 Platten herzustellen. Bei einer Massenfertigung wie die verlangte Million macht es sich bezahlt, den Schnitt mit äußerster Sorgfalt herzustellen, da er sonst nicht aushalten würde und man vielleicht noch einen zweiten Schnitt herstellen müßte. Es soll nicht unsere Aufgabe sein, die Arbeitsgänge, die ein solcher Schnitt erfordert, zu erläutern. Die notwendigen Erfahrungen wird der Schnittbauer, dem solche Arbeit anvertraut wird, haben. Hier soll lediglich das Meßknopfverfahren, das viele tüchtige Handwerker noch nicht kennen, erläutert werden.

Abb. 43.
Meßknopf.

Um die Löcher genau an die vorgesehene Stelle zu bekommen, muß die Platte zunächst genau winklig und auf Maß geschliffen sein. Dann zeichnet man die Löcher mittels Parallelreißer, besser noch mittels einer Höhenlehre nach den angegebenen Maßen an, und zwar als Kreuzriß, in dessen Schnittpunkt man einen Körnerschlag macht. Nun bohrt man in jeden Schnittpunkt ein Loch für 4- bis 10-mm-Gewinde, je nach Größe des Werkstückes, und schneidet Gewinde hinein. In diesem Gewinde befestigt man den Meßknopf, der durch Abb. 43 veranschaulicht wird. Dieser Meßknopf muß allerdings ebenso genau sein wie eine Meßrolle (Abschn. 15 und 16), gehärtet, genau auf Maß geschliffen und geläppt. Man wählt Maße, die sich durch 2 bequem teilen lassen, also 10, 14, 16, 20 mm, je nach Größe des Werkstückes.

Die untere Stirnseite wird etwas ausgespart, so daß ein Auflagerand von etwa 1 bis 1,5 mm stehen bleibt. Die untere Stirnseite und der Mantel müssen genau winklig zueinander sein. Für die obere Stirnseite genügt eine glattgeläppte Fläche. Zwischen Schraubenkopf und Meßkopf legt man eine gehärtete, parallel geschliffene und geläppte Stahlscheibe. Die Bohrung der Scheibe muß so groß sein, daß die Schraube leicht hindurchgeht. Ihr Außendurchmesser muß 1 bis 2 mm kleiner als der Meßknopf sein. Die Bohrung des Meßknopfes wird mindestens 1 bis 1,5 mm größer ausgeführt als die Schraube. Man befestigt nun einen Meßknopf auf jedem Gewindeloch und zieht die Schraube nur leicht an, so daß der Meßknopf noch durch einen leichten Schlag mit einem Kupferstück zu rücken ist. Nun fängt man an, den ersten Knopf nach der Zeichnung mittels Endmaßen auszurichten.

Angenommen, man hat 14-mm-Knöpfe gewählt, so muß der erste Knopf von links $20,12 - 7 = 13,12$ mm und von unten $38,43 - 7 = 31,43$ mm entfernt sein (Abb. 42 u. 44). Für den mittleren Knopf beträgt die Entfernung von links 34,73 und 6,15 mm von unten, für den rechten Knopf 61,88 mm von links und 30,26 mm von unten. Ebenso verfährt man auch von den andern Seiten, bis man überzeugt ist, daß alle Knöpfe genau dort, wo die Löcher sein sollen, sitzen. Jetzt zieht man die Knöpfe fest an, prüft nochmals nach, und wenn alles in Ordnung ist, spannt man das Werkstück gegen die Planscheibe der Drehbank und richtet den ersten Knopf mit der Meßuhr (Abb. 45) aus, bis der Zeiger derselben keine Bewegung mehr macht.

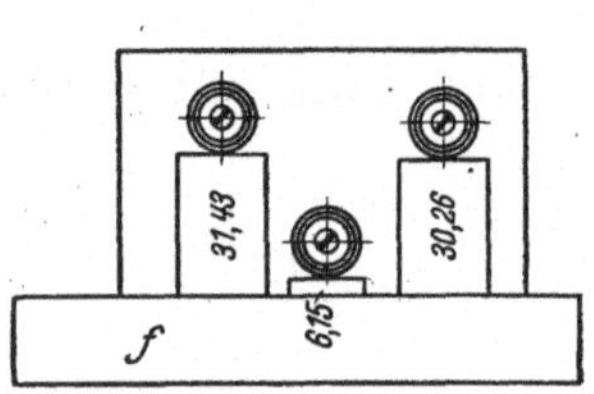

Abb. 44. Schnittplatte mit Meßknöpfen und Endmaßen auf der Meßplatte. f = Meßplatte.

Dann spannt man das Werkstück ganz fest und nimmt nun den Knopf ab. Soll die Bohrung im Werkstück 20 mm im Durchmesser erhalten, so kann man mit einem 18-mm-Spiralbohrer vorbohren, damit das Loch für einen Bohrstahl groß genug ist. Dann bohrt man mit einem Bohrstahl genau auf Kalibermaß. Auf diese Weise kommt das Loch genau dorthin, wo der Meßknopf saß.

Die Drehbank wird man für kleinere Stücke benutzen, während man größere Werkstücke nach demselben Verfahren auf der Fräsmaschine bearbeiten wird. Auch hier bedient man sich der Meßuhr, um ein genaues Richten des Werkstückes zu erreichen; nur daß sich hier im Gegensatz zur Drehbank die Meßuhr um den Meßknopf bewegt. Erst dann, wenn dieser genau mit dem Spindelkopf der Fräsmaschine fluchtet, ist die Einstellung richtig. Es ist darauf zu achten, daß das Werkstück hoch genug gespannt wird, damit man den Fräsmaschinentisch nicht anbohrt. Es ist ferner ratsam, die Kurbel für Längs- und Quervorschub abzunehmen, da der Tisch jetzt nur noch in der senkrechten Richtung verschoben werden darf.

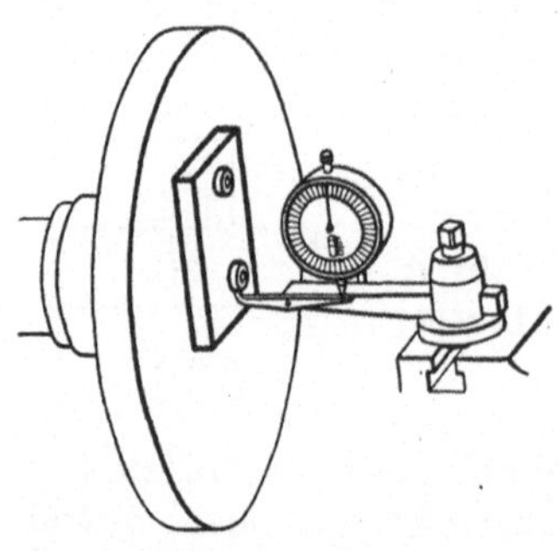

Abb. 45. Meßknopfverfahren. Ausrichten mittels Meßuhr auf Drehbank.

Genau wie bei der Drehbank bohrt man nun mit einem Spiralbohrer vor und mit einem Exzenterkopf und Bohrstahl auf Kalibermaß nach. Das Loch wird auch in diesem Fall genau dahin kommen, wo der Knopf saß.

Dieses Knopfverfahren läßt sich auch bei ganz großen Stücken auf dem Horizontalbohrwerk anwenden, ja sogar bei Stücken, die auf dem größten Lehrenbohrwerk nicht mehr aufgenommen werden können.

20. Herstellung einer Hartlehre. Aufgabe: Eine Hartlehre nach Abb. 46a u. b soll angefertigt werden. Werkstoff: Lehreneinsatzstahl. Härten. Alle unterstrichenen Maße feinstbearbeiten mit ± 0,005 mm Toleranz; alles andere schlichten.

Ausführung: In dieser Aufgabe würde ein Lehrenbohrwerk ohnehin nur für das weiche Werkstück in Frage kommen. Die Herstellung der Lehre aus weichem Werkstoff bei einer Toleranz von ± 0,01 mm wäre auch mittels des Meßknopfverfahrens nicht allzu schwer. Schwierig wird die Aufgabe erst dadurch, daß die Lehre rundherum gehärtet wird, und daß der Genauigkeitsgrad ± 0,005 mm betragen soll.

Viele werden vorschlagen, nur die Meßflächen im Einsatz zu härten und den unteren Teil weich zu lassen, die Löcher 4 mm größer zu bohren und mit gehärteten Buchsen auszubuchsen. Man würde dann den unteren Teil statt auf 18 auf etwa 22 mm hobeln, das ganze Stück einsetzen, dann unten auf Maß hobeln, so daß die eingesetzte Schicht herunterkäme und erst darauf härten. Es würde in diesem Falle der untere Teil weich bleiben, und er könnte noch bearbeitet werden. Diese Art der Ausführung wäre nicht ohne weiteres

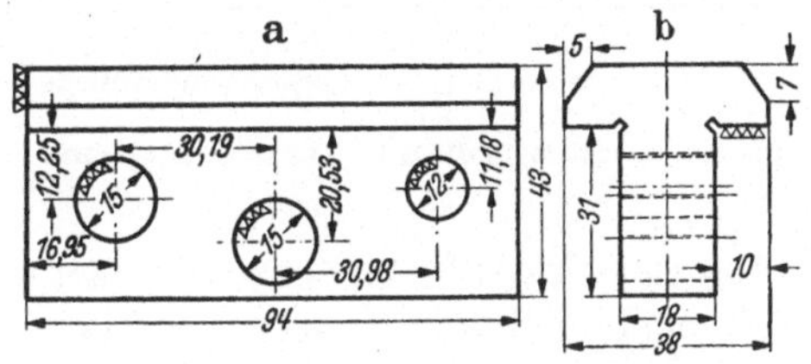

Abb. 46 a und b. Hartlehre.
a = Seitenansicht; b = Stirnansicht.

von der Hand zu weisen, und doch ist sie in dem vorliegenden Falle nicht ratsam; denn die vorgesehenen harten Buchsen würden bei ihrem Einpressen in die Bohrung die genauen Maße der Lehre immer wieder verändern; ferner würden die oberen beiden Meßflächen nie gerade werden, weil sie sich bei der Länge von 94 mm durch die Spannung, die durch das Einpressen der Buchsen verursacht wird, wieder verändern würden. Der Vorschlag wäre also von zweifelhaftem Erfolg und muß deshalb abgelehnt werden. Will man dennoch die Lehre mit dem Lehrenbohrwerk herstellen, so darf man die gehärteten Buchsen nicht einpressen, sondern nur mit Haftsitz befestigen, muß sie dann aber zur Sicherung gegen Verdrehen mit einer Nase und die Bohrungen mit einer entsprechenden Nut versehen.

Wenn kein Lehrenbohrwerk vorhanden ist, kommt nur das nachfolgend beschriebene Arbeitsverfahren in Frage, das unter Verwendung des Meßknopfsystems genaueste Maße ergibt und die Forderung des Lehrenbaues, möglichst *sicher* zu arbeiten, erfüllt.

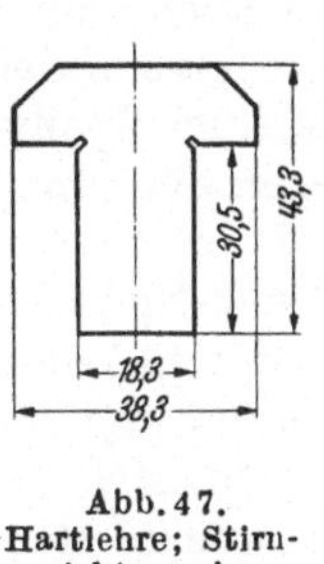

Zunächst wird aus einem Stück, das die Maße 40 · 45 · 96 mm aufweisen muß, das in Abb. 47 angegebene Profil herausgehobelt oder auch herausgefräst. Wir geben dabei für die weitere

Abb. 47.
Hartlehre; Stirnansicht, vorbearbeitet.

Bearbeitung rundherum 0,3 mm und auf die Meßfläche 0,5 mm zu (vgl. Abb. 46 mit 47). Es ist ratsam, das Stück im weichen Zustande leicht überzuschleifen, so daß alle Flächen parallel und genau winklig zueinander werden. Dabei verringern sich die Aufmaße zwar um etwa 0,1 mm, was jedoch belanglos ist, da es sich noch nicht um die eigentlichen Lehrenmaße handelt.

Bevor wir nun an dem eigentlichen Werkstück weiterarbeiten, stellen wir uns einige *Hilfswerkzeuge* her. Dazu gehört eine *Aufspannplatte*, die sauber parallel geschliffen sein muß. Mittels des Meßknopfverfahrens werden die Löcher hineingebohrt. Die Lochabstände müssen sich nach Abb. 48 richten und genau eingehalten werden, dabei müssen die von der Meßfläche ausgehenden um 0,5 mm verringert und die von der geläppten Stirnseite ausgehenden um 0,5 mm vermehrt

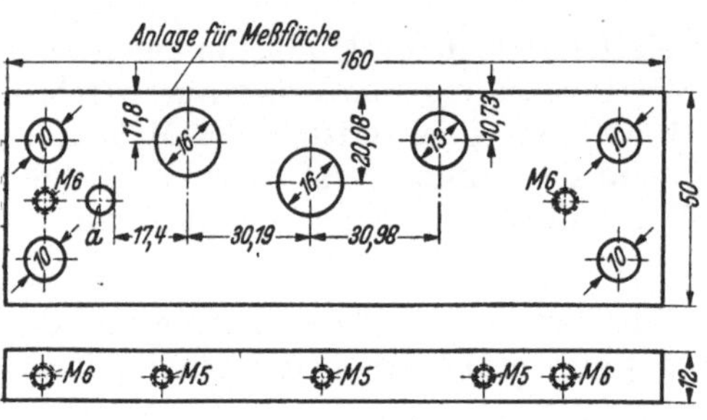

Abb. 48. Aufspannplatte; Seitenansicht und Ansicht von oben.

a = Anschlagstift für die Stirnfläche der Hartlehre.

werden. Die Löcher wird man ferner nicht 15 mm und 12 mm bohren, sondern 16 mm und 13 mm. Warum das geschieht, werden wir später sehen. Nun werden 6 bis 8 *Aufnahmebolzen* aus härtbarem Werkstoff (Werkzeugstahl) gedreht. Abb. 48 u. 49 stellen die Schablonenplatte und die Bolzen dar und geben die Maße an. Die Platte muß aufs sorgfältigste und genaueste nachgeprüft werden. Die 10-mm-Ecklöcher dienen zum Festspannen an der Planscheibe; die *M 6* sollen das Werkstück halten.

Die Bolzen (Abb. 49) werden gehärtet und dann in *einer* Spannung geschliffen, damit beide Zylinder konzentrisch laufen. Man stellt davon etwa 10 Stück her, um bei Mißlingen Ersatz zu haben. Angefertigt werden:

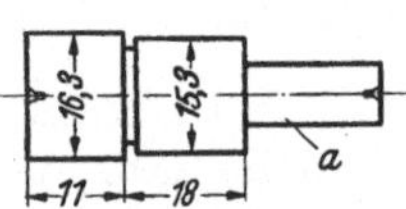

Abb. 49.
Aufnahmebolzen.

a = Hilfszapfen für Mitnehmer.

10 Stück gedreht · · ·	16,3	und	15,3	mm Durchmesser
3 Stück für ⌠ geschliffen	16,01	„	15,01	„	„
Hartarbeit ⌡ geläppt ·	16	„	15	„	„
3 Stück für ⌠ geschliffen	16,01	„	14,71	„	„
Weicharbeit ⌡ geläppt ·	16	„	14,70	„	„

Nun sind die Hilfswerkzeuge fertig, und es kann mit der *eigentlichen Arbeit* begonnen werden. Die Schablonenplatte wird gegen die Planscheibe der Drehbank gespannt, und das erste Loch wird genau mit der Meßuhr ausgerichtet. Läuft das Loch sauber, so werden die Schrauben nochmals fest angezogen, so daß ein Verschieben der Platte unmöglich ist. Nun spannen wir unser Werkstück mittels 4 kleiner Spanneisen auf der Schablonenplatte fest, und zwar so, daß die Stirnseite gegen den Anschlagstift a und die Meßfläche gegen die obere Kante liegt. Dann zentrieren wir mit einem Zentrierbohrer von 1,5 bis 2 mm vor, bohren mit einem 14-mm-Spiralbohrer durch und nehmen das letzte Millimeter mit dem Bohrstahl, bis der 14,7-mm-Bolzen saugend paßt. Sind mehrere Lehren anzufertigen, so wird in allen erst dieses eine Loch angefertigt. Bei 10 oder noch mehr Lehren ist es ratsam, sich nach der weichen Schablonenplatte erst eine harte herzustellen, da die weiche schnell ungenau wird. Die Arbeitsweise wird noch erläutert werden (siehe Innenschleifen!). Jetzt richtet man die zweite Bohrung der Schablonenplatte mit der Meßuhr aus. Beim Festspannen des Lehrenkörpers schiebt man in das erste Loch einen Bolzen von 16 und 14,7 mm und setzt den Lehrenkörper auf den 14,7 mm-Zapfen. Hierdurch wird schon der genaue Lochabstand vom ersten bis zum zweiten Loch gewährleistet. Nun arbeitet man genau so, wie beim ersten Loch. Jetzt wird man auch verstehen, warum die Löcher in der Schablonenplatte 1 mm größer gehalten wurden. Sonst bestände die Gefahr, daß sie mit dem Bohrstahl beschädigt würden! Das dritte Loch wird mit gleicher Sorgfalt angefertigt. Dabei läßt sich der Lehrenkörper schon mit 2 Bolzen auf die Schablonenplatte stecken. Es wird auf 11,7 mm gebohrt. Der gut entgratete Lehrenkörper geht nun in die Härterei.

So sorgfältig auch ein Stück gehärtet wird, es wird sich immer etwas verziehen, und für den Feinstarbeiter ist 0,1 mm schon ein Begriff wie für den Zimmermann 1 Zoll. Wir bekommen unsere Lehren von der Härterei zurück und hatten Glück; denn keine ist gerissen, und keine hat sich mehr als 0,1 mm geworfen. Die Lehre kann nun im gehärteten Zustande weiterbearbeitet werden. Wir beginnen mit dem unteren Teil, durch den die Löcher gebohrt worden sind, entfernen den Zunder mit Schmirgelleinen und legen die hohle Seite auf die Magnetspannplatte der Flächenschleifmaschine. Möglicherweise ist die Lehre so gerade geblieben, daß keine hohle Seite vorhanden ist. Dann ist es natürlich gleichgültig, welche Seite zuerst geschliffen wird. Jedenfalls fangen wir beim unteren Teil an und schleifen ihn sauber bei mehrmaligem Umdrehen auf das Maß von 18 mm. Nun spannen wir diesen geschliffenen Teil in einen genauen Schleifschraubstock und schleifen die obere Seite. Dann legen wir den Lehrenkörper auf die zuletzt geschliffene Fläche und schleifen die Meßflächen sauber. Es ist darauf zu achten, daß die Schleifscheibe die ganze Fläche gleichmäßig bestreicht. Bemerkt man, daß sie nur an einer Ecke anfaßt, so muß man die obere Fläche nochmals überschleifen, daß sie parallel zur ungeschliffenen Meßfläche wird. Man muß sich im Lehrenbau oftmals Hilfsflächen schaffen, und um eine solche handelt es sich bei der oberen Fläche. Jetzt kann man die Meßflächen sauber schleifen, man merke sich aber, wieviel abgeschliffen wird. Da etwa 0,45 mm Schleifzugabe vorhanden sind, dürfen höchstens 0,2 mm abgeschliffen werden, da noch für etwaige Zwischenfälle gesorgt sein muß. Bei derselben Einspannung wird auch die untere Fläche überschliffen. Dann stellen wir den Lehrenkörper aufrecht und schleifen die Stirnseite sauber und winklig. Nun muß der Abstand der Löcher von den Meßflächen festgestellt werden. Zu diesem Zwecke dreht man sich 3 Bolzen, die in die sauber gemachten Löcher möglichst saugend eingepaßt werden. Die Bolzen können weich bleiben; denn vorläufig spielen 0,05 mm noch keine große Rolle. Dann messen wir zwischen Meßflächen und Zapfen mit Endmaßen. Stellen wir fest, daß zwischen den 14,7-mm-Zapfen und die Meßfläche ein 4,7-mm-Endmaß geht und zwischen Meßfläche und 11,7-mm-Zapfen ein solches von 5,13 mm, so wissen wir, daß wir noch 0,2 mm Schleifzugabe auf der Meßfläche haben. Da nun noch 0,3 mm Schleifzugabe in den Löchern ist, besteht im ganzen $0,2 + 0,15 = 0,35$ mm Aufmaß, denn die Schleifzugabe der Löcher darf nur auf den Halbmesser, also zur Hälfte gerechnet werden.

Nun richten wir die zum Drehen benutzte Schablonenplatte zum Innenschleifen her. In die $M\,5$-Löcher drehen wir gehärtete Schrauben fest hinein, die über den Plattenrand etwas vorstehen, und schleifen über, bis sich bei dem 16-mm-Loch, von Lochmitte bis Schraubenoberfläche gemessen, das Maß 12,05 mm ergibt und bei dem 13-mm-Loch das Maß 10,98 mm. Mittels eines 16-mm- und 13-mm-Dornes, die gehärtet, geschliffen und geläppt sein müssen, läßt sich dieses Maß gut nachprüfen, nach demselben Verfahren, wie es beim Knopfsystem gezeigt wurde. Der Anschlagstift kann herausgeschlagen und durch einen dickeren ersetzt werden, und zwar muß dieser um das Doppelte dicker sein, als von der Stirnfläche abgeschliffen wurde. Ist der Abstand von Mitte des ersten Loches bis zur Stirnfläche statt 17,4 mm (wie die Schablonenplatte angibt) nur 17,2 mm, so wurden 0,2 mm von der Stirnfläche abgeschliffen, und wir müssen einen Anschlagstift gebrauchen, der 0,4 mm dicker ist als der erste. Ratsam wäre, in derselben Weise den Abstand des zweiten Loches von der Stirnfläche nachzuprüfen, um Gewähr zu haben, daß die Stirnfläche auch zu diesem stimmt.

Die Vorarbeiten zum Innenschliff wären damit beendet, der Schliff kann beginnen. Man schleift in derselben Weise, wie die Löcher auf der Drehbank gebohrt wurden. In fast allen Werkstätten wird ein Magnetfutter für die Innenschleif-maschine vorhanden sein, so daß die Schablonenplatte einfach angezogen wird. Im anderen Falle wird die Platte wiederum an einer Planscheibe festgespannt und mit der Meßuhr ausgerichtet. Den Lehrenkörper spannt man mit der Stirnfläche gegen den Anschlagstift und mit der Meßfläche gegen die drei gehärteten Schrauben, die jetzt als Auflage dienen. Nun schleift man das erste 15-mm-Loch auf 14,99 mm, um noch 0,01 mm Läppmaß zu behalten. Dann wird das Loch sauber auf 15 mm geläppt, bis der Bolzen saugend paßt. In gleicher Weise, wie auf der Drehbank die Löcher gebohrt wurden, werden die andern Löcher mit größter Sorgfalt geschliffen. Dann schleift man die Meßflächen und die Stirnseite bis auf 0,01 mm fertig, ebenfalls mit größter Sorgfalt und unter wiederholtem Nachmessen. Jetzt werden die letzten 0,01 mm heruntergeläppt, und die Lehre ist fertig. Wie schon erwähnt wurde, ist es ratsam, sich eine harte Schablonenplatte nach der ersten weichen anzufertigen, wenn es sich um Herstellung von mehreren Lehren handelt.

Man mag glauben, die vorgeführte Arbeitsweise sei umständlich und zeitraubend. Das ist keineswegs der Fall! Sie ist sicher und genau, und das ist immer die billigste Arbeitsweise im Lehrenbau!

C. Die Sinusschleifvorrichtung.

Der Feinstarbeiter muß nicht nur ein gewandter Dreher, Fräser und Hobler sein, sondern es muß von ihm auch verlangt werden, daß er mit der Schleifarbeit vollständig vertraut ist. Vom Schleifen ebener, rechtwinkliger Flächen war schon wiederholt die Rede. Jetzt soll der Leser mit der Sinusschleifvorrichtung bekannt gemacht werden. Wie schon der Name ahnen läßt, handelt es sich um das Schleifen ebener Flächen, die unter einem schiefen Winkel zusammenstehen.

21. Kurze Beschreibung der Sinusschleifvorrichtung. Die wesentlichen Teile sind die Unterplatte (u in Abb. 50, 60, 64, 65) und die Oberplatte (o), die auf der einen Seite durch einen Bolzen scharnierartig zusammengehalten werden. Die Oberplatte hat an ihrem freien Ende einen gleichen Bolzen. Die 4 Zapfen der beiden Bolzen haben genaues Durchmessermaß, nach unserer Abb. 50 = 10 mm.

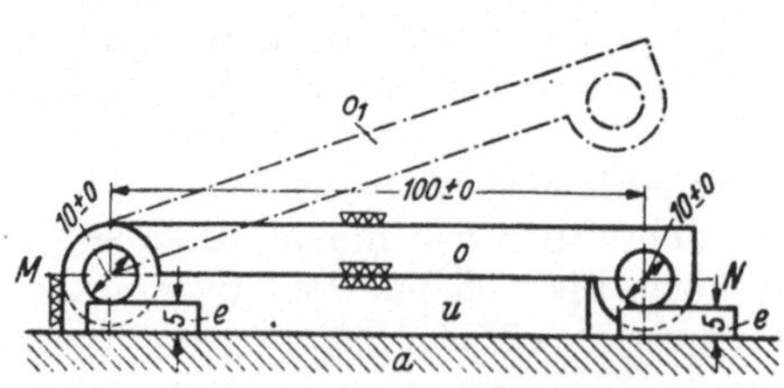

Abb. 50. Sinusschleifvorrichtung.
a = Meßplatte; u = Unterteil; o = Oberteil geschlossen; o_1 = Oberteil geöffnet; e = Endmaße.

Die Entfernung der beiden Bolzen von Mitte zu Mitte muß peinlichst genau 100 mm sein. Die obere Platte hat eine Anzahl Gewindelöcher, um Werkstücke, die geschliffen werden sollen, befestigen zu können. Bei beiden Platten werden außerdem die Seitenflächen mit solchen Gewindelöchern versehen (Abb. 65), damit durch Anschrauben von Spanneisen der eingestellte Winkel festgehalten werden kann. Zur Ausrüstung gehören außerdem noch ein kleines Winkeleisen, das ebenfalls mit Gewindelöchern versehen ist, einige Spanneisen und eine Anschlagschiene.

22. Selbstanfertigung einer Sinusschleifvorrichtung. Der gewandte Feinstarbeiter vermag sich die Vorrichtung selbst herzustellen. Dazu mögen einige Winke gegeben sein. Damit die Sinusschleifvorrichtung ihren Zweck einwandfrei erfüllt, ist äußerst genaue Arbeit erforderlich. Alle Teile müssen aus härtbarem Werkstoff hergestellt werden; sie müssen aufs sauberste und genaueste geschliffen und geläppt sein. Besonders ist darauf zu achten, daß die Entfernung der Bolzen von Mitte zu Mitte genau 100 mm beträgt und daß die Bolzen vollständig parallel laufen. Um Gewähr für diese beiden Forderungen zu haben, arbeitet man das Bohrloch für den Bolzen am freien Ende der Oberplatte um 1 mm größer als den Durchmesser des Bolzens. Durch je 3 kleine Schrauben an jedem Ende des Bolzens (Abb. 51) kann dann eine etwaige Ungenauigkeit sofort berichtigt werden, sowohl im Abstand, als auch in der Richtung. Achsenbolzen und Meßbolzen müssen an allen 4 Enden gleich weit von der Grundplatte entfernt sein (Abb. 50, Endmaß 5 mm). Eine wesentliche Forderung ist endlich noch, daß Oberkante der Unterplatte und Mittelpunkte der beiden Zapfen genau in einer Richtung liegen (Abb. 50, Richtung MN).

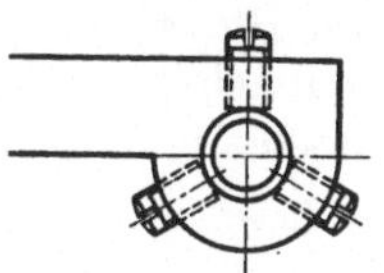

Abb. 51. Meßbolzen-befestigung.

23. Arbeitsweise der Sinusschleifvorrichtung. Abb. 52 stellt die Vorrichtung schematisch dar. u ist die untere Platte, o die obere Platte, deren Länge 100 mm beträgt. Die Seite o nimmt das Werkstück auf. Der von u und o eingeschlossene Winkel soll α_1 heißen. Fällt man vom Endpunkte der Seite o das Lot h, so ist

$$\sin \alpha_1 = \frac{h}{o}; \ \sin \alpha_1 = \frac{h}{100}; \ \sin \alpha_1 \cdot 100 = h.$$ In Worten: Die Höhe h wird gefunden, indem man den sin des Einstellwinkels mit 100 malnimmt. Abb. 53 stellt den Querschnitt eines Werkstückes dar, dessen Flächen a, b und c waagerecht (horizontal) geschliffen werden sollen.

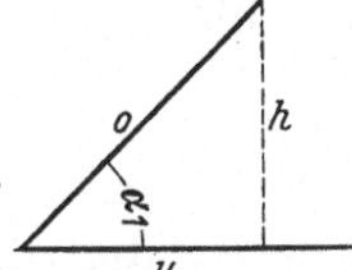 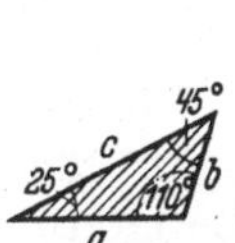 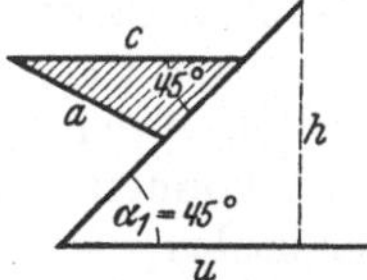 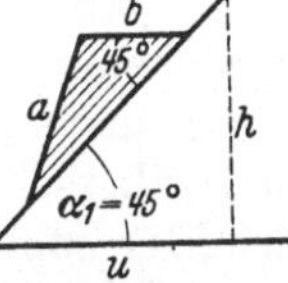 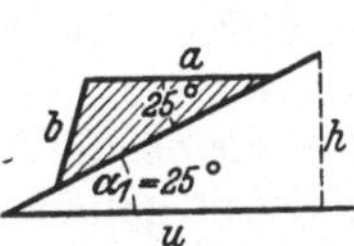

Abb. 52. Schema einer Sinusschleifvorrichtung.   Abb. 53. Lehre.   Abb. 54. Einspannung zum Schleifen von c.   Abb. 55. Einspannung zum Schleifen von b.   Abb. 56. Einspannung zum Schleifen von a.

Abb. 52···56. Schema für das Schleifen der drei Seiten a, b, c der Lehre Abb. 53.

1. Seite c soll geschliffen werden. Dann muß sie parallel zur Kante u werden, d. h. Winkel α_1 muß auch 45° werden wie der Winkel an c, der auf o aufliegt (Abb. 54); denn Wechselwinkel an geschnittenen Parallelen sind ja gleich (S. 19). Folglich $\sin 45° = \dfrac{h}{o}$; $\sin 45°$ laut Tabelle $= 0{,}7071$; also $0{,}7071 = \dfrac{h}{100}$; $0{,}7071 \cdot 100 = h$; also $h = 70{,}71$ mm.

Seite o muß demnach so weit verstellt werden, daß das von ihrem Endpunkte auf Seite u zu fällende Lot $h = 70{,}71$ mm wird. Daraus ist dann aber in der Praxis leicht das Endmaß zu berechnen. Siehe die folgenden Beispiele!

2. Fläche b ist zu schleifen. Die Aufspannung erfolgt nach Abb. 55. Verstellwinkel demnach wieder 45° wie unter 1. Eine neue Einstellung der Schleifvorrichtung braucht nicht zu erfolgen.

3. Fläche a ist zu schleifen. Aufspannung nach Abb. 56. Winkel $\alpha_1 = 25°$. Folglich $\sin 25° = \dfrac{h}{o}$; $\sin 25°$ laut Tabelle $= 0{,}4226$. Also $0{,}4226 \cdot 100 = h$; also $h = 42{,}26$ mm.

Merke: 1. Der Verstellwinkel ist gleich dem Winkel, der von der zu schleifenden Fläche und der äußeren Fläche der Oberplatte gebildet wird.

2. Die Höhe ist gleich dem sin dieses Winkels mal 100.

Und nun aus der grauen Theorie zur *lebendigen Praxis!* Die folgenden 2 Beispiele werden jetzt leicht verstanden werden.

24. Beispiel für waagerechte Schleifarbeit. Eine Lehre soll nach Abb. 57 angefertigt werden.

Arbeitsgang: Solche Lehre wird man nie als Einzelstück anfertigen, sondern im Block von 6 bis 10 Stück. Warum, werden wir später erfahren (Abschn. 30). Zunächst werden die Platten gehobelt. Auf genaue Gradzahl und Maße kommt es noch nicht an (Abb. 58). Die Platten gehen dann gut entgratet in die Härterei.

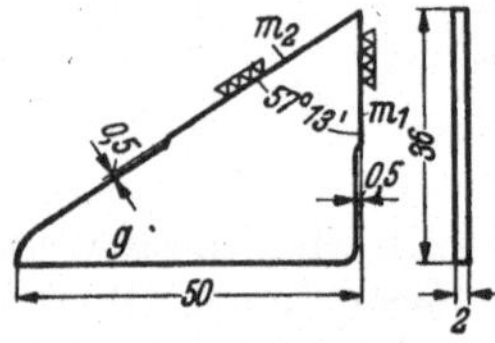

Abb. 57. Lehre (Fertigmaße).
g = Grundfläche;
m_1 und m_2 = Meßflächen.

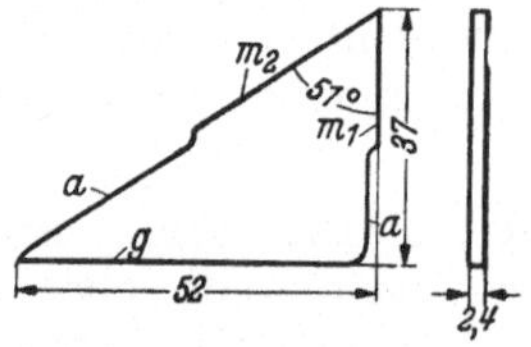

Abb. 58. Lehre (vorbearbeitet).
a = Lötflächen.

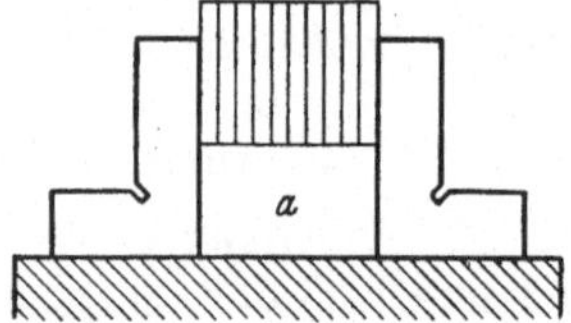

Abb. 59. Lehre zum Schleifen eingespannt; bei a zusammengelötet.

Nach dem Härten werden sie parallel geschliffen. Nun werden sie mittels einer kleinen Schraubzwinge zu einem Block zusammengespannt und an den Stellen a (Abb. 58 und 9), die keine Meßflächen sind, mit Lötzinn überlötet. In unserer Aufgabe kämen nur die beiden ausgesparten Flächen in Betracht. Der Block muß nach dem Löten als *ein* Stück erscheinen (Abb. 59). Jetzt wird die Grundfläche g (Abb. 58) geschliffen. In ausgesprochenen Lehrenwerkstätten wird ein Schleifschraubstock vorhanden sein, den man nach dem Schleifen der Grundfläche auf die Seite legt, um gleich die Meßfläche überschleifen zu können. Grundfläche und Meßfläche m_1 müssen genau rechtwinklig zueinander stehen. Um die letzte Fläche m_2, die zu der bereits geschliffenen Meßfläche in einem Winkel von 57° 13′ steht, zu schleifen, bedürfen wir der Sinusschleifvorrichtung. Die Lehre wird aufgespannt, wie Abb. 60 zeigt. Als Winkel auf o konnte auch 57° 13′ genommen werden; aber man wählt größerer Genauigkeit wegen stets den kleineren Winkel. Wie wir aus den schematischen Darlegungen wissen, muß die Sinusschleifvorrichtung nun auch auf 32° 47′ eingestellt werden. $\sin \alpha_1 = \dfrac{h}{o}$; $\sin 32° 47′ = \dfrac{h}{o}$; $0{,}5415 = \dfrac{h}{100}$; $0{,}5415 \cdot 100 = h$; $54{,}15$ mm $= h$.

In Abb. 60 ist diese Höhe die Strecke EF. Um daraus das Endmaß festzustellen, ist oben $r = 5$ mm abzuziehen, unten sind $r = 5$ mm und Endmaß $a = 5$ mm

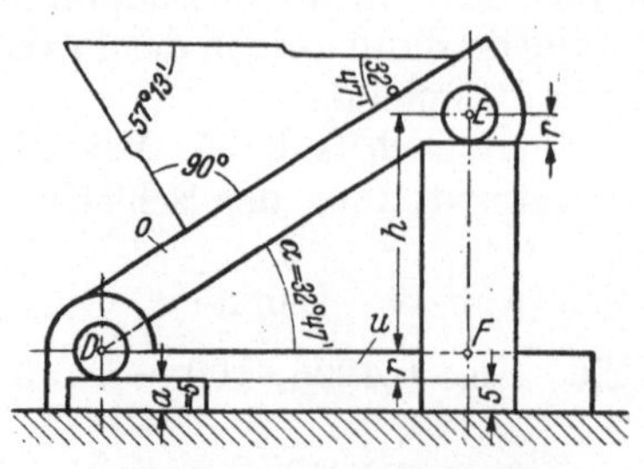

Abb. 60. Sinusschleifvorrichtung beim Schleifen der Lehre Abb. 57.

zuzulegen. Kurz: h + Endmaß = Gesamtendmaß. Also $54{,}15 + 5 = 59{,}14$ mm. Um dieses Endmaß wird der obere Teil der Vorrichtung so gehoben, daß die untere Seite des Zapfens auf dem Endmaß ruht.

25. Beispiel für senkrechte Schleifarbeit. Es soll eine Lehre nach Abb. 61 angefertigt werden.

Arbeitsgang: Nachdem wiederholt vollständige Arbeitsgänge vorgeführt wurden, soll hier nur das Wesentliche angegeben werden.

a) Trotzdem nur 1 Stück bestellt wurde, fertigen wir doch 4 Stück an, da es schwierig ist, eine einzelne Lehre herzustellen; ferner ist es vorteilhaft, einige in Vorrat zu haben, falls eine mißlingt.

b) Der Rachen soll oben 20 mm, unten 14,250 mm Weite erhalten. Er ist also keilförmig, und wir müssen wissen, um welchen Winkel wir das Werkstück einstellen müssen, um diese Maße zu erreichen. Gemäß Abb. 62 ist $\operatorname{tg}\alpha = \dfrac{a}{b}$

$$= \frac{10-7,125}{17,22} = \frac{2,875}{17,22} = 0,1670.$$ Laut Tangenstabelle beträgt der Winkel also $9°\,29'$.

c) Für die weitere Arbeit wird wieder ein Zusammenlöten der vier Stücke nötig. Das ist diesmal schwieriger als im vorigen Beispiel, weil alle Flächen als Meß- oder Hilfsflächen benötigt werden.

Wir löten diesmal so, wie Abb. 63 zeigt, 6 kleine, gehärtete Plättchen auf und schleifen nochmals über. Nun sind nicht die Flächen selbst, sondern die aufgelöteten Plättchen die Hilfsflächen.

d) Das Einstellen der Sinusschleifvorrichtung soll diesmal auch anders erfolgen. Die schräge Fläche des Rachens muß lotrechte Richtung erhalten, wenn die Schleifscheibe sie fassen

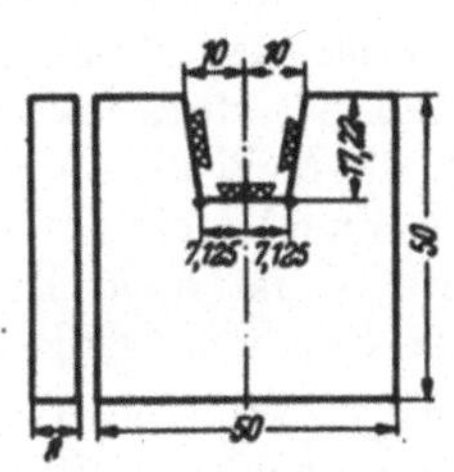

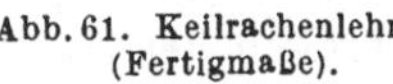

Abb. 61. Keilrachenlehre (Fertigmaße).

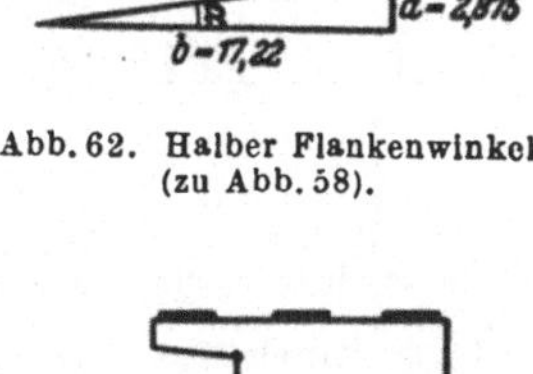

Abb. 62. Halber Flankenwinkel (zu Abb. 58).

Abb. 63. Mehrere Lehren nach Abb. 61 durch aufgelötete Plättchen zu einem Block vereinigt.

soll (Abb. 65). Dann muß die Oberplatte der Vorrichtung um $80°\,31'$ aufgeschlagen werden $(90° - 9°\,29' = 80°\,31')$. Da es sich diesmal um einen sehr großen Winkel handelt, verfahren wir folgendermaßen: Die untere Platte u wird genau lotrecht zur Meßplatte aufgestellt (Abb. 64) unter Benutzung eines Prüfwinkels (a). Um den Winkel von $80°\,31'$ zu erhalten, muß die Platte o um $9°\,29'$ gehoben werden. Also ist h zu berechnen. $\sin\alpha_1 = \dfrac{h}{c}$; $\sin 9°\,29' = \dfrac{h}{100}$; $0,1635 \cdot 100 = h$; $16,45\,\text{mm} = h$. Dazu kommt das Endmaß 5 mm; $16,45 + 5 = 21,45\,\text{mm}$. Wir stellen jetzt o um das Maß 21,45 mm ein, stellen den Winkel mittels 2 Spanneisen fest und bringen die Vorrichtung wieder in normale Lage (Abb. 65). Nun wird das Werkstück eingespannt, und die Rachenflächen können mit Umschlag sauber geschliffen werden.

e) Das Messen der Rachenweite als Fertigmaß ist wegen der Keilform nicht unmittelbar möglich. Wir benutzen eine Meßrolle, um das Maß zu prüfen, jedoch wegen

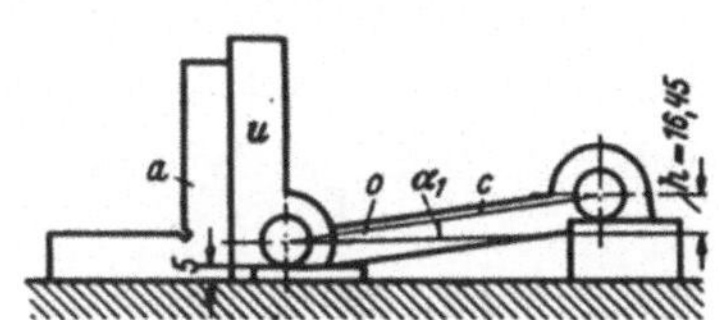

Abb. 64. Aufstellung der Sinusschleifvorrichtung Abb. 47 zum Senkrechtschleifen der Flanken für die Lehre Abb. 61. a = Prüfwinkel.

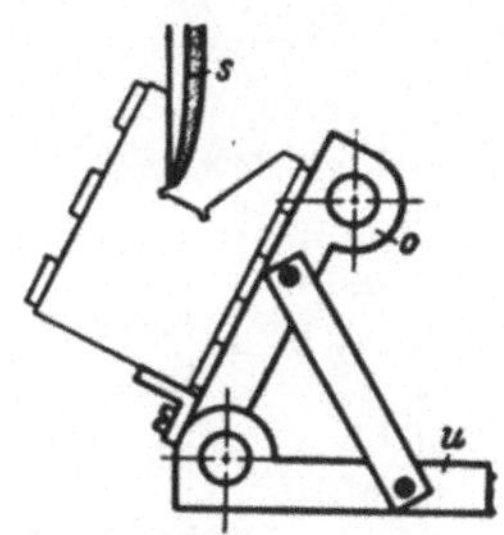

Abb. 65. Sinusschleifvorrichtung. u = Unterteil; o = Oberteil; s = Schleifscheibe.

der geringen Flankenneigung mit großer Sorgfalt und Vorsicht und ohne Druck! Die Rachenweite beträgt oben 20 mm. Da die obere Fläche noch nicht geschliffen ist, beträgt die Rachentiefe statt 17,22 mm noch 17,30 mm. Die Zugabe von 0,08 mm ist wichtig für die endgültige Bemessung des Rachens. Die untere Kante der Lehre muß fertig geschliffen sein, weil sie als Bezugskante dient, um die genaue Entfernung der Fläche AB (Abb. 66) von dieser Kante zum Zwecke der weiteren Berechnung und zur Feststellung des Prüfmaßes P zu bestimmen

Im Zusammenhang mit dieser Berechnung möge hier eine Meßrolle verwendet werden, deren Durchmesser genau wie die obere Weite des zu prüfenden Rachens 20 mm beträgt. Wie Abb. 67 erkennen läßt, liegt der Mittelpunkt dieser Meßrolle um ein gewisses Maß (z) über der Oberkante der Lehre. Dieses Maß kommt aber in der nachfolgenden Berechnung nicht unmittelbar vor. Daraus folgt, daß auch eine Meßrolle von anderem Durchmesser verwendet werden kann, wenn sie nur aus dem Keilrachen herausragt, damit man das Prüfmaß P (Abb. 66) gut abnehmen kann. Je größer die Meßrolle, desto günstiger ist das Messen. Doch muß der Berührungspunkt (C in Abb. 67) stets *innerhalb* des Rachens liegen. In Abb. 68 ist z. B. die Meßrolle zu groß gewählt worden. Die verlängerte Flanke schneidet ein Stück des Kreises ab. Sie ist also *nicht* Tangente; C ist *nicht* Berührungspunkt der Tangente, und ZCY ist *kein* rechtwinkliges Dreieck. Für die folgenden Berechnungen wäre eine Meßrolle von solchem Durchmesser unbrauchbar. Und nun zur Berechnung des Prüfmaßes P!

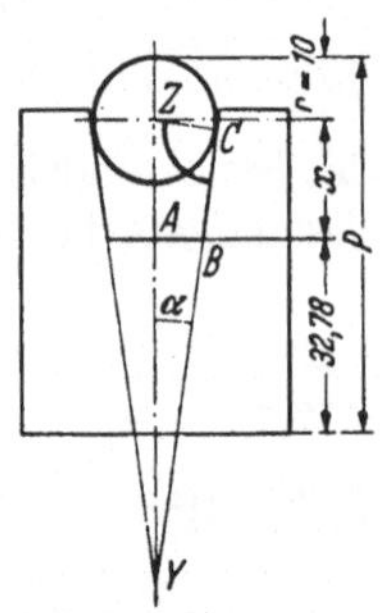

Abb. 66. Messung des Rachens der Lehre Abb. 6 mittels Meßrolle.

Überlegung[1]: 1. Prüfmaß $P = 32{,}78 + 10 + x$ (Abb. 66) muß gefunden werden. Verlängert man die Flanken des Rachens, bis sie sich in Y treffen, so ist x = Strecke ZY weniger Strecke AY. Die Länge der Strecken ZY und AY sind zu berechnen.

2. ZY ist in dem rechtwinkligen Dreieck ZCY die Hypotenuse. Bekannt sind $ZC = r = 10$ mm und Winkel $\alpha = 9° 29'$. Folglich ist Seite ZY durch $\sin \alpha$ zu finden (Abb. 66.)

3. AY ist im rechtwinkligen Dreieck ABY eine Kathete. Bekannt sind in diesem Dreieck $AB = 7{,}125$ mm und Winkel $\alpha = 9° 29'$. Folglich ist Seite AY durch $\operatorname{tg} \alpha$ zu finden.

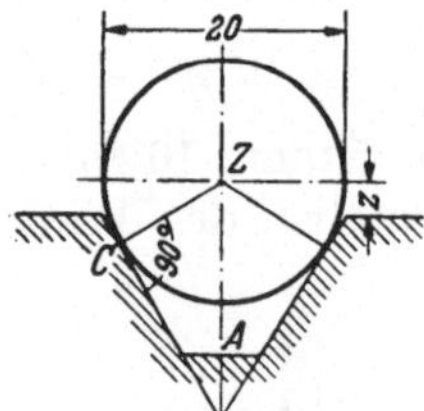

Abb. 67. Meßrolle in Keilnut.

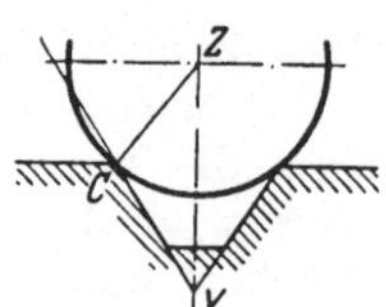

Abb. 68. Meßrolle in Keilnut zu groß gewählt.

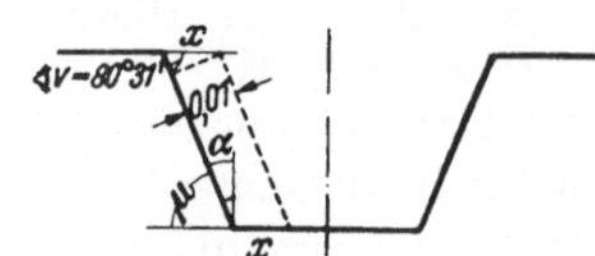

Abb. 69. Rachen der Lehre Abb. 61 mit Läppzugabe.

Lösung:

3. $\operatorname{tg} \alpha = \dfrac{\text{Seite } AB}{\text{Seite } AY}$; $\operatorname{tg} 9° 29' = \dfrac{7{,}125}{\text{Seite } AY}$; $0{,}1670 = \dfrac{7{,}125}{\text{Seite } AY}$; Seite $AY = \dfrac{7{,}125}{0{,}1670}$; Seite $AY = 42{,}664$ mm.

2. $\sin \alpha = \dfrac{\text{Seite } ZC}{\text{Seite } ZY}$; $\sin 9° 29' = \dfrac{10}{\text{Seite } ZY}$; $0{,}1645 = \dfrac{10}{\text{Seite } ZY}$; Seite $ZY = \dfrac{10}{0{,}1645}$; Seite $ZY = 60{,}790$ mm.

1. $x = 60{,}790 - 42{,}664$; $x = 18{,}126$ mm; $P = 32{,}78 + 10 + 18{,}126 = 60{,}906$.
Ergebnis: $P = 60{,}906$ mm *nach* dem Läppen.

Will man *vor* dem Läppen messen, so muß die Läppzugabe von 0,01 mm berücksichtigt werden. Die Meßrolle sinkt in den dadurch verengten Rachen nicht ganz so tief ein. Die Prüfstrecke P wird um einen geringen Betrag länger werden.

---

[1] Hier wird vorausgesetzt, daß die fertige Lehre nachher eine genaue Höhe von 50 mm aufweist, so daß $50 - 17{,}22 = 32{,}78$. Da aber für die Höhe eine gröbere Toleranz gilt, wird das mit Feinmeßschraube festzustellende Zwischenmaß in der Praxis von 32,78 abweichen.

Auch dieses Prüfmaß soll noch ausgerechnet werden. Abb. 69 bringt die Maße übertrieben, um deutlicher zu werden. Die halbe obere Rachenweite wird um x enger. x ist Hypotenuse in dem kleinen rechtwinkligen Dreieck links oben, in welchem die eine Kathete $= 0{,}01$ ist. Ferner ist $\sphericalangle\, v = \sphericalangle\, u$ als Wechselwinkel an geschnittenen Parallelen. $u = 90° - \alpha = 90° - 9°\,29' = 80°\,31'$; folglich v ebenfalls $80°\,31'$.

$$\sin v = \frac{0{,}01}{x}; \quad \sin 80°\,31' = \frac{0{,}01}{x}; \quad 0{,}9863 = \frac{0{,}01}{x}; \quad x = \frac{0{,}01}{0{,}9863}; \quad x = 0{,}010139.$$

Die halbe Rachenweite beträgt *vor* dem Läppen demnach im Rachengrunde nur $7{,}125 - 0{,}010139 = 7{,}114861$ mm. Mit diesem Maße rechnen wir die Strecke $A\,Y$ nochmals aus (s. Abb. 66).

$$\operatorname{tg} \alpha = \frac{A\,B}{A\,Y}; \quad \operatorname{tg} 9°\,29' = \frac{7{,}114861}{A\,Y}; \quad 0{,}1670 = \frac{7{,}114861}{A\,Y}; \quad A\,Y = \frac{7{,}114861}{0{,}1670};$$

$A\,Y = 42{,}604$ mm; der Wert für Strecke $Z\,Y$ bleibt unverändert. Folglich

$$x = 60{,}790 - 42{,}604 = 18{,}186 \text{ mm}; \quad P = 32{,}78 + 10 + 18{,}186 = 60{,}966.$$

Ergebnis: $P = 60{,}966$ mm *vor* dem Läppen.

D. Die Kugelmessung.

26. Grundsätzliches. Die Kugelmessung kommt in der Praxis nur selten vor. Sie soll dennoch Erwähnung finden und an einem Beispiel erläutert werden; denn das Wissen muß dem Können vorauseilen; das Können aber kann nur durch die Praxis erreicht werden. Die Kugelmessung findet Anwendung, wenn sich zwei Bohrungen in einem bestimmten Punkte kreuzen sollen. Es ist nicht immer nötig, daß bei diesen Arbeiten eine Genauigkeit von 0,01 mm erreicht wird. Im Vorrichtungsbau genügt meistens schon eine solche von 0,1 mm. Wenn es sich um große Stücke handelt, die aus Gußeisen oder aus Leichtmetall gegossen sind, so hält es schon schwer, eine Genauigkeit von 0,1 mm zu erzielen.

27. Herstellung einer Lehre mit schräger Bohrung. Wir stellen uns die Aufgabe, eine Lehre herzustellen, wie sie in Abb. 70 gezeichnet ist. Alle Teile aus härtbarem Werkstoff werden zunächst fertig gedreht, und zwar mit der nötigen Schleifzugabe; statt Bohrung 15 mm nur 14,7 mm; statt Wandstärke 15 mm eine Wandstärke von 15,4 mm; statt Bohrung 64,32 mm eine solche von 63,9 mm. Auch Schrägbuchse und Meßstift können schon gedreht werden. Da außer der Stärke für den Meßstift keine Maße in der Zeichnung angegeben sind, fertigen wir die Buchse mit 3,8 mm Bohrung und 13 mm Außendurchmesser an bei einer Länge von 45 mm.

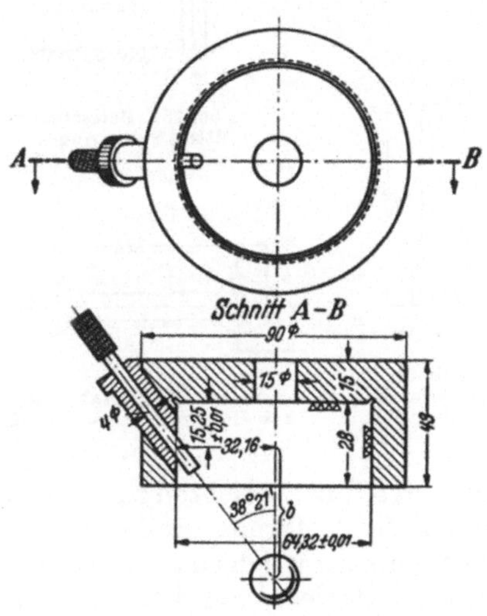

Abb. 70. Sonderlehre (Fertigmaße).

Der Meßstift erhält einen Durchmesser von 4,5 mm und eine Länge von 65 mm. Von Buchse und Stift stellen wir je 3 bis 4 Stück her, um bei Ausfall eines Stückes sogleich Ersatz zu haben. Es kann z. B. bei dem erfahrensten Feinstarbeiter vorkommen, daß ein Meßstift beim Dengeln, das durch eine Krümmung notwendig wurde, bricht. Viele andere Gefahren drohen den kleinen Teilchen stets auf dem Wege bis zum Fertigstück! In den Lehrenkörper muß nun das schräge Loch gebohrt werden, und zwar genau an der Stelle, an der es verlangt wird. Das kann nur mittels des Kugelarbeitsverfahrens geschehen und mittels des Kugelmeßverfahrens nachgeprüft werden. Da wir das Schrägloch nicht anders bohren können als auf der Drehbank oder der Fräsmaschine, so müssen wir uns ein Hilfswerkzeug herstellen, das die genaue Einhaltung des verlangten Winkels von 38° 21′ ermöglicht. Wie die Abb. 71 u. 72 zeigen, muß das anzufertigende Winkelstück

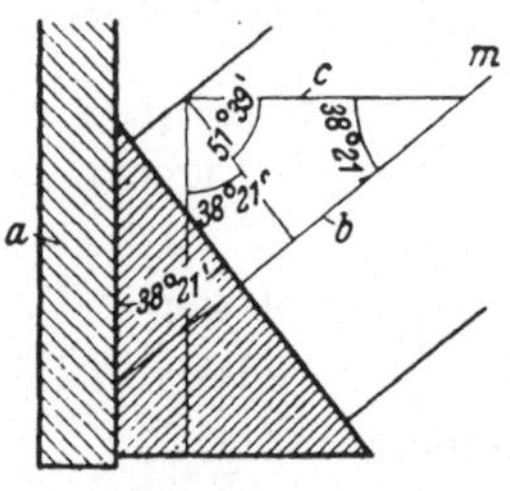

Abb. 71. Winkelstück für das Bohren des Schrägloches Abb. 70 auf einer Drehbank (s. Abb. 77).

a = Planscheibe; *b* = Achse der Lehre; *c* = Achse des Schrägloches (Bohrerachse).

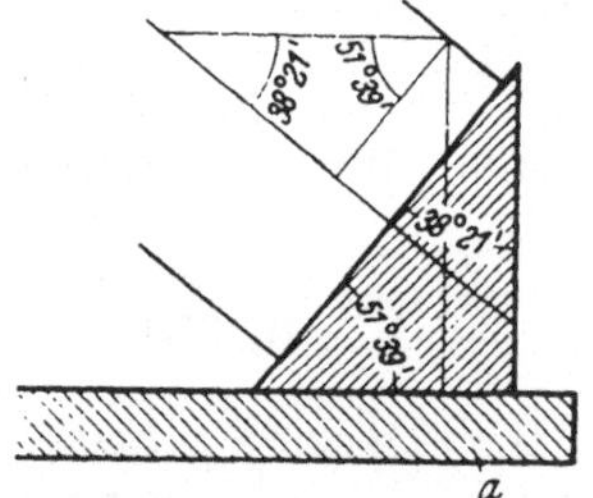

Abb. 72. Winkelstück für das Bohren des Schrägloches auf einer Waagerechtfräsmaschine.

a = Fräsmaschinentisch.

rechtwinklig sein und als spitzen Winkel genau 38° 21′ aufweisen. Die Anfertigung des Winkelstückes erfolgt auf der Sinusschleifvorrichtung. Es muß so groß sein, daß die Lehre nicht nur eine gute Auflage hat, sondern auch festgespannt werden kann. Zum Festspannn nimmt man am besten einen Spannring mit 6 bis 8 Löchern (Abb. 73). Das Winkelstück wird bei Benutzung einer Drehbank so angelegt, wie Abb. 71 zeigt; bei Benutzung einer Fräsmaschine, wie Abb. 72 erkennen läßt. Ferner muß die Ecke, in der der Bohrer angesetzt werden soll, mit einem Füllstück ausgefüllt werden, um beim Beginn des Bohrens die Schrägfläche zu vermeiden (Abb. 73). Wir drehen zu diesem Zwecke ein kurzes Werkstoffstück auf 63,9 mm Durchmesser an, schneiden eine Ecke ab und löten diese dort weich fest, wo wir bohren wollen.

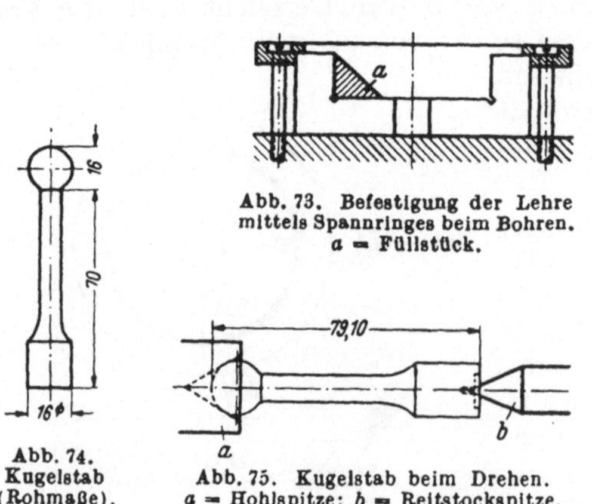

Abb. 73. Befestigung der Lehre mittels Spannringes beim Bohren.
a = Füllstück.

Abb. 74.
Kugelstab
(Rohmaße).

Abb. 75. Kugelstab beim Drehen.
a = Hohlspitze; *b* = Reitstockspitze.

Nun brauchen wir noch einen Kugelstab, um das ganze Winkelstück mit aufgeschraubtem Werkstück auf der Drehbank oder der Fräsmaschine ausrichten zu können. Eine 16-mm-Stahlkugel wird zu diesem Zwecke in das hohlgeformte Ende eines Rundstabes von etwa 70 mm Länge und 16 mm Durchmesser weich eingelötet (Abb. 74). Der Kugelstab wird auf dem 16-mm-Ende sauber zentriert, um dann auf 14,7 mm abgedreht zu werden, so daß er saugend in die 14,7-mm-Bohrung eingepaßt werden kann. Das Abdrehen geschieht in der Weise, daß die Kugel am entgegengesetzten Ende von einer Hohlspitze aufgenommen wird, wie Abb. 75 zeigt. Jetzt wird der Kugelstab auf genaue Länge gedreht. Diese setzt sich aus folgenden Teilstrecken zusammen (Abb. 76):

1. Wandstärke (Zeichnungsmaß mit Schleifzugabe) . . . . 15,4 mm
2. Zeichnungsmaß 15,25 mm — 0,2 mm Schleifzugabe . . . . . 15,05 mm
3. Strecke b laut Berechnung . . . . 40,65 „

denn in dem rechtwinkligen Dreieck Abb. 76 (suche dieses Dreieck

auch in Abb. 70 auf) ist $\mathrm{tg}\ 38°\,21' = \dfrac{32,16}{b}$; also $0,7912 = \dfrac{32,16}{b}$;

$b = \dfrac{32,16}{0,7912} = 32,16 : 0,7912 = 321\,600 : 7912 = 40,65\ \mathrm{mm}$

4. Kugelhalbmesser 8   „

Ganze Länge des Kugelstabes (Abb. 75) = 79,10 mm

Gleichzeitig spart man die untere Fläche in der Mitte aus, daß nur ein schmaler Auflagekranz überbleibt (Abb. 75). Nun schiebt man dies Ende in die 14,7 mm-Bohrung bis fest auf das Winkelstück. Vielleicht wird es nötig, die Zentrierbohrung des Kugelstabes mit einem kleinen Gewindeloch zu versehen, um den Stab auf das Winkelstück fest aufschrauben zu können. Alles zusammen spannt man auf die Planscheibe und richtet die Kugel mit der Meßuhr aus (Abb. 77). Die Kugel liegt dann genau im Schnittpunkt der beiden Bohrungsachsen, und der ganze Lehrenkörper dreht sich um die Achse des Diagonalloches. Nach

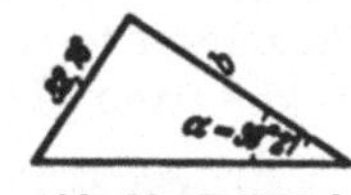

Abb. 76. Teilstück aus Abb. 60.

dem Ausrichten mittels der Meßuhr wird alles noch einmal richtig festgespannt, dann nimmt man den Kugelstab heraus und stellt durch Gegengewichte das Gleichgewicht an der Planscheibe her. Nun bohren wir vor und mit einem Bohrstahl nach, und das Werkstück kann zum Härten gegeben werden.

Nach dem Härten schleifen wir zunächst die 14,7-mm-Bohrung auf 14,99 mm und stirnen in derselben Spannung die Grundfläche an. Bohrung und Stirnfläche werden dann geläppt. Jetzt spannen wir gegen das Magnetfutter der Innenschleifmaschine und schleifen die inneren Meßflächen der Lehre bis auf 0,01 mm Läppzugabe und läppen auch diese auf Fertigmaß. Darauf richten wir das Werkstück wieder wie zuvor beim Bohren her, nur daß wir diesmal einen gehärteten Kugelstab

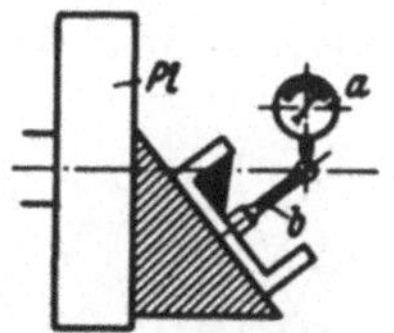

Abb. 77.   Ausrichten zum Bohren an der Planscheibe.
$a=$ Meßuhr; $b=$ Kugelstab; $Pl=$ Planscheibe.

verwenden, der mit weit größerer Sorgfalt hergestellt, geschliffen und geläppt wurde. Er muß sich ganz ohne Spiel in die Bohrung 15 mm hineinwinden lassen. Das Ganze wird nun auf die Innenschleifmaschine aufgesetzt. Hier ist darauf zu achten, daß beim letzten Schliff, nachdem die Bohrung bereits sauber ist, der Stein ganz „ausfeuert". Man kann auch die Bohrung mit der Meßuhr nachprüfen bis der Zeiger stillsteht.

Somit wäre die Aufgabe, soweit die Kugelmessung in Betracht kommt, erledigt. Das Einpassen der Buchse und des Meßstiftes machen keine Schwierigkeiten weiter.

E. Das Läppen[1].

28. Allgemeines. Das Läppen ist dort erforderlich, wo die Gestaltsoberflächengüte und die Abmessung der auf der Rund- oder Flächenschleifmaschine oder von Hand bearbeiteten Werkstücke noch nicht den vorgeschriebenen Anforderungen entsprechen. Die für das Läppen notwendigen Maßzugaben sollen möglichst nicht größer sein als die von der Vorarbeit herrührenden Gestalts- und Oberflächenfehler. Läppen kann man nur harte Flächen mit einer Rockwellhärte von mindestens 60. Weiches Material wird schwarz, weil es sich mit Läppmasse auflädt. Gute Vorarbeit erleichtert das Läppen erheblich; darum ist dem Zustande der Arbeitsmaschinen und auch der Verwendung entsprechender Hilfsvorrichtungen

---

[1] Ausführliche Angaben über Läppen u. Läppmaschinen siehe Werkstattbuch Heft 105 Läppen.

volle Beachtung zu schenken. Als Läppwerkzeug eignet sich am besten ein weiches dichtes Gußeisen; nur bei zerbrechlichen Läppdornen ist Kupfer, geglühtes Messing oder Weicheisen angebracht. Neuerdings verwendet man beim Läppen von Bohrungen und Wellen in der Mengenanfertigung Läppsteine aus dem gleichen Werkstoff wie die Schleifsteine, jedoch mit feinster Körnung, die in entsprechenden Haltern gefaßt sind. Ihre Anwendung lohnt sich bei großen Stückzahlen, ist aber im Werkzeugbau bei glatten Dornen und Ringen nur hin und wieder angebracht. Da das Läppen wie das Schleifen ein Zerspanungsvorgang ist, ist das beste Läppmittel ein reiner Korund von genügender Feinheit und Gleichmäßigkeit der Körnung. Fallen die Läppmittel nicht fein genug an, so lassen sich durch Aufschlämmen in Wasser je nach der Fällzeit verschiedene Feinheitsgrade erzielen. Poliergrün (Chromoxyd), Tonerde und Polierrot werden zwar noch oft benutzt, doch sind sie weniger zu empfehlen. Als Schmiermittel kommt Petroleum mit Zusatz von einigen Prozenten fetten Öles in Frage. Ein scharfes Läppmittel, mit dem Schmiermittel in kleinsten Mengen aufgetragen, führt zu den besten Ergebnissen.

29. Herstellung von Läpp-Platten. Die Herstellung ebener Werkstückflächen setzt, da beim Läppen fast stets ein Abformen des Werkzeuges auf das Werkstück stattfindet, ausreichend gerade Läpp-Platten voraus. Zu ihrer Herstellung sind drei rechteckige, besser noch quadratische Platten genügender Dicke erforderlich, z. B. 50 × 200 × 200 mm. Durch wechselndes Übereinanderschleifen von I auf II, I auf III und II auf III erzielt man ebene Flächen, während bei nur zwei Platten Kugelflächen (hohl oder ballig) entstehen. Darauf werden die Platten mit Läppmasse aufgeladen. Das geschieht in der Weise, daß aufgetragene Läppmasse wiederum durch hin- und hergehende und kreisende Bewegungen in die Poren eingerieben wird. Man beginnt mit gröberem Korund und geht dann zu feineren Läppmitteln über. Zeigen alle drei Platten gleichmäßig schwarzblanke Flächen, so wäscht man sie mit Petroleum, besser noch mit Benzin ab, und die Platten sind nun gebrauchsfertig und schneiden meist

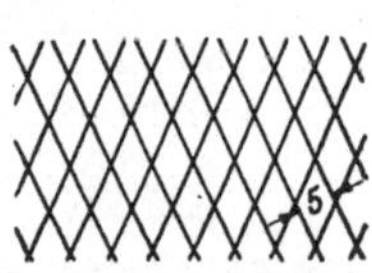

Abb. 78. Rillenmuster einer Läpp-Platte.

schon nach leichtem Befeuchten mit Petroleum. Grobläpp-Platten versieht man zur besseren Verteilung des Läppmittels mit Rillenmustern in Rhombenform (Abb. 78) in 5 mm Rillenabstand und einer Rillenbreite und -tiefe von ebenfalls 5 mm. Es ist empfehlenswert, Grobläpp-Platten etwas ballig auszuführen, um einem Kantenabfall beim Werkstück vorzubeugen. Man erhält die balligen Flächen durch Schleifen mit größeren Läppmittelmengen und nicht zu weit gehendem Ausschleifen des aufgetragenen Schleifmittels. Je nach Werkstückgröße sollten auch Läpp-Platten verschiedener Abmessung vorhanden sein.

30. Das Läppen einfacher gerader Flächen. Die Läpp-Platte wird mit wenigen Tropfen Petroleum benetzt, und wenn sie nicht schon durch das beim Abrichten eingebettete Läppmittel selbst schleift, werden kleinste Mengen davon aufgetragen und mit einer Läpp-Platte gleichmäßig verrieben. Ist die freie Werkstückfläche groß genug, so zieht man sie langsam mit kräftigen, geradlinigen Strichen über die Läpp-Platte, der gleichmäßigen Abnutzung wegen immer andere Flächenstücke derselben benutzend. Höhere Werkstücke mit verhältnismäßig kleinen Flächen müssen dabei nur wenig über der Läpp-Platte gehalten werden, sonst entstehen durch Kippwirkung ballige Werkstückflächen, was übrigens auch bei zu reichlicher Verwendung des Läppmittels auftritt. Um ein Kippen bei Schmalflächen zu vermeiden, bedient man sich eines Hilfsstückes als Führung, gegen das sich eine Seitenfläche des Werkstückes anlegt. Führungs- und Stützfläche des Hilfsstückes müssen mit ausreichender Genauigkeit winklig und gerade ausgeführt sein. Laufende Benutzung der Läpp-Platten erfordert wiederholtes Abrichten.

31. Das Läppen schwer zugänglicher Stellen. Derartige Flächen verlangen meistens Läppwerkzeuge, mit denen man am fest eingespannten Werkstück die zu läppende Fläche bequem erreichen kann. Zur Erzielung gerader Flächen muß das Läppwerkzeug kleiner als die zu bearbeitende Fläche sein (Abb. 79). Um den Läppklotz halten und bewegen zu können, erhält er eine Senkung und wird mittels eines Kugelstiftes mit Heft angedrückt. Hat, wie im vorliegenden Falle, die Lehre eine Schmalfläche und kann

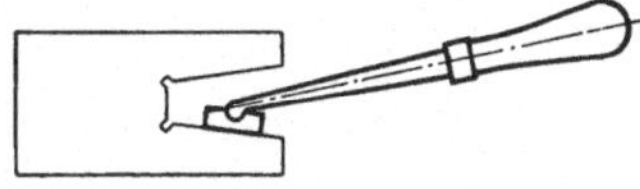

Abb. 79. Läppklotz für schwer zugängliche Flächen.

das Werkzeug nicht schmaler ausgeführt werden, so müssen zur Verhinderung des Kippens vom Läppklotz mehrere Lehren in zusammengekittetem Zustand geläppt werden. Handelt es sich um einzelne Lehren mit Schmalflächen, dann klemmt man ein Hilfsstück an, das dem Läppwerkzeug als Führung dient. Auch diese Läppwerkzeuge sind wiederholt an einer größeren Läppfläche abzurichten bzw. mit frischem Läppmittel aufzuladen.

32. Das Läppen von Rachenlehren. Bei kleineren Rachenlehren (10—40 mm) läßt sich eine verstellbare Läppleiste (Abb. 80) anwenden, die durch Verschieben für verschiedene Rachenweiten passend einzustellen ist. Es ist zu beachten, daß nach jedem Verstellen die Läppflächen wieder parallel geschliffen werden müssen. Die mit wenig Maßzugabe vorgearbeitete Rachenlehre wird nach Benetzen der Läppleiste mit wenig Läppmittel aufgeschoben. Sie federt hierbei etwas; der Vorteil aber liegt darin, daß eine weniger große Geschicklichkeit erforderlich ist,

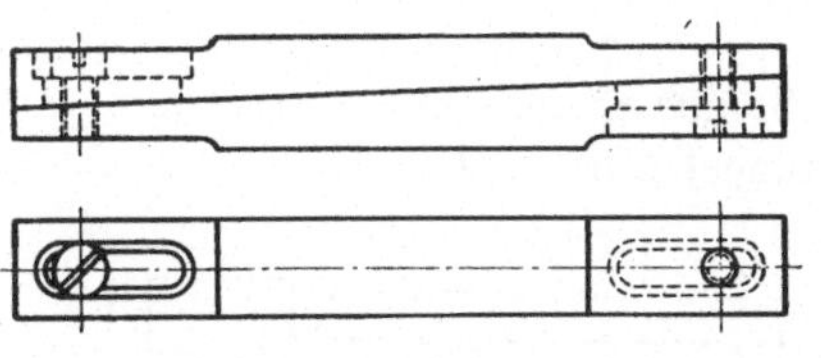

Abb. 80. Verstellbare Läppleiste für Rachenlehren.

die Meßflächen gerade und parallel zu erhalten. Kleinere und größere Rachenlehren lassen sich auch mit einer im Schraubstock eingespannten Läppleiste läppen, während sehr schwere Rachenlehren im Schraubstock festgespannt und mit einer Handläppleiste fertiggestellt werden. Steht eine senkrechte Spindel mit einer kreisenden Läppscheibe zur Verfügung, so läßt sich diese Läpparbeit wesentlich schneller durchführen.

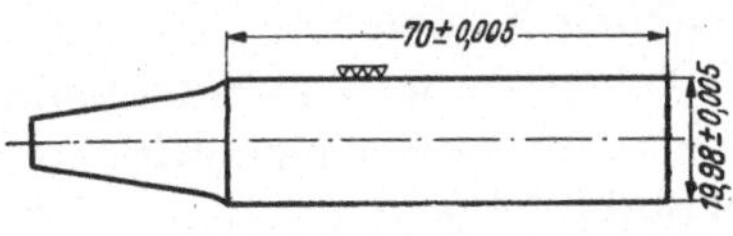

Abb. 81. Zu läppender Dorn.

33. Läppdorn und Läppring. Lehrdorne und Lehrringe verlangen stets eine Läppbearbeitung, auch nach noch so sorgfältigem Rundschliff. Eine Ausnahme hiervon besteht bei den Lehrringen, deren Bohrungen durch Rundschliff nicht mehr zu erfassen sind. Ein *Dorn* (Abb. 81), der mit einer Durchmessergenauigkeit von 0,005 verlangt wird, muß mittels Läppring bearbeitet werden. Man läßt beim Schleifen 0,01 mm Läppzulage stehen. Der Läppring (Abb. 82) wird aus dichtem Gußeisen oder anderem geeignetem Werkstoff hergestellt. Die Länge muß möglichst über die Hälfte der Länge des Werkstückes betragen. Für den Dorn nach Abb. 81 würde man den

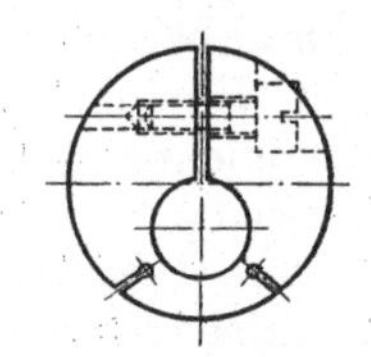

Abb. 82. Läppring.

Läppring 35 bis 40 mm lang machen. Die Bohrung des Läppringes ist sauber mit dem Bohrstahl vorzubohren; die letzten 0,05 mm sind mit einer Hand-

oder Maschinenahle nachzureiben. Bei dem vorliegenden Werkstück könnte man eine 20 mm-Reibahle verwenden, da der Unterschied von 0,01 mm unwesentlich ist. Hauptbedingung ist eine glatte und zylindrische Bohrung. Man kann

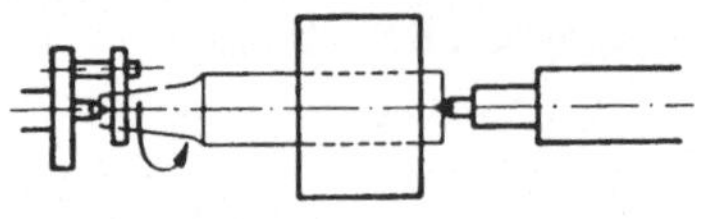

Abb. 83. Vorgang des Läppens.

sie noch mit zwei sich kreuzenden Spiralnuten von möglichst hoher Steigung und etwa 0,5 mm Tiefe versehen. Das Werkstück wird in der Weise geläppt, daß der Läppring mit Läppmasse in geradliniger Richtung hin- und her geführt wird, während sich das Werkstück dreht. Der Läppring ist so stramm auf das Werkstück zu ziehen, daß man ihn ohne wesentlichen Kraftaufwand mit der Hand festhalten kann (Abb. 83). Beim Läppen eines Werkstückes von 20 mm Durchmesser ist darauf zu achten, daß das Werkstück vor dem Messen abgekühlt ist; warm hat es sich um fast 0,01 mm gedehnt. War das Werkstück sauber mit 0,01 mm Läppzugabe geschliffen, so wird es maßhaltig sein, wenn durch das Läppen die Schleifspuren verschwunden sind.

Bohrungen läppt man mit nachstellbaren Läppdornen. Für Durchmesser über 30 mm sitzt auf einem Kegeldorn eine geschlitzte Gußbüchse, welche durch zwei Ringmuttern im Durchmesser eingestellt werden kann. Bei kleineren Durchmessern erhält der Kegeldorn eine Steigung 1:50. Auf ihm sitzt dann die geschlitzte Läpphülse selbsthemmend und läßt sich durch Auftreiben im Durchmesser ändern (Abb. 84). Längere Lehrenbohrungen läppt man mit einem mindestens gleichlangen Läppdorn zur Erzielung der nötigen Geradheit vor. Die entstehende Vorweite läßt sich anschließend mit einem kurzen Läppdorn beheben. Das Werkzeug ist hierbei eingespannt und soll etwa 5—20 Minuten kreisen, während das Werkstück eine

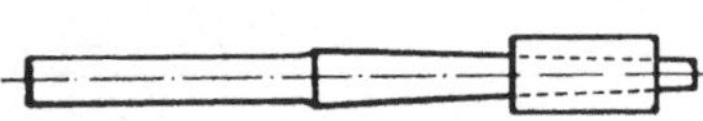

Abb. 84. Fester Läppdorn mit Läppbüchse.

langsame hin- und hergehende Bewegung längs der Achse erhält. Zur Vermeidung von Vorweiten darf das Werkzeug nur wenig aus der Werkstückbohrung heraustreten; sparsame Verwendung des Läppmittels ist erforderlich. Für außergewöhnlich genaue Bohrungen benutzt man auch feste Läppdorne mit einem Vorführungszylinder, welche, im Durchmesser abgestuft, als Werkzeuge für die Schlußarbeiten zur Anwendung kommen.

Lehrbolzen werden mit Läppringen (Abb. 82) geläppt. Für kleine Durchmesser eignet sich besser eine Kluppe, die aus zwei rechteckigen Stücken zusammengeschraubt ist und an Stelle der Bohrung eine Prismennute erhält, so daß beim Zusammenklemmen eine Dreilinienberührung entsteht, welche sich beim Läppen zu Zylindersegmentflächen ausbildet.

34. Zusammengesetzte und durch Paßbohrungen und Paßstifte geortete Werkstücke. Soll ein zusammengesetztes Lehrwerkzeug (Abb. 85) aus Teilstücken mit Schrauben und Paßstiften lösbar verbunden werden, so sind die Einzelteile vor dem Härten mit Schleifmaßzugabe auszuführen. Die Paßstiftbohrungen sollen der leichteren Lösbarkeit wegen und zur Verhinderung der beim Eintreiben der Paßstifte entstehenden Spannungen möglichst nicht länger als 0,5 D sein, wobei D den Paßstiftdurchmesser darstellt, andernfalls müssen die Unterplatte und die Deckleiste bis auf diese Länge um einige Zehntel freigebohrt werden. Nach dem Härten werden die Unterplatte und die Deckleisten plangeschliffen. Die Zwischenleisten sind mit 0,01 mm Maßzugabe für das Läppen auf 8,52 mm zu schleifen. Nun werden die zweimal zwei Leisten auf die Grundplatte aufgeschraubt und die Paßstiftlöcher zum Läppen der Bohrungen hingerückt, am besten durch Einstecken von Hilfspaßstiften. Danach zieht man die Schrauben fest an und läppt mit einem geschlitzten Läppdorn (Abb. 86), den man durch einen Holzkeil nach Bedarf auftreibt, oder (Abb. 87) biegt die Läppdornenden nach Spreizen mit einer Reißnadel mit einer Flachzange zusammen, so daß eine Art federnder Stecker entsteht. Die letztgenannte Ausführung eignet sich am besten zum Vorläppen und wird zu diesem Zwecke im Futter einer Schnellbohrmaschine benutzt. Da es sich meistens um kleinere Bohrungen handelt, besteht der Läppdorn aus geglühtem Messing oder Weicheisen. Beim Läppen soll der bauchige Teil des Läppdorns zur Vermeidung von Vorweite stets innerhalb der Bohrung bleiben. Zum Fertigläppen benutzt man besser einen Läppdorn nach Abb. 84 und 87, mit dem gut zylindrische Bohrungen zu erzielen sind. Nachdem sämtliche Paßstiftlöcher möglichst auf gleiches Maß geläppt worden sind, werden die Paßstifte so eingepaßt, daß sie mit leichten Schlägen, besser noch durch Druck von Hand mit einem Holz einzutreiben sind. Die Lehre ist nun an den vier Außenflächen winklig zu schleifen und so anzuläppen, daß von dort aus diese Hilfsflächen der weiteren

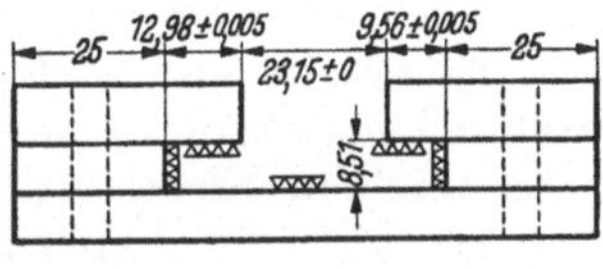

Abb. 85. Zusammengesetztes Werkstück.

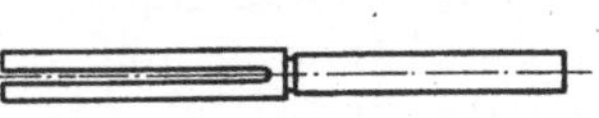

Abb. 86. Geschlitzter Läppdorn.

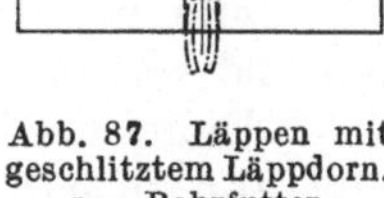

Abb. 87. Läppen mit geschlitztem Läppdorn.
a = Bohrfutter.

Bearbeitung dienen können, um die Maße 12,98, 9,56 und 23,15 mit je 0,01 mm Maßzugabe durch Schleifen zu erhalten. Das Maß 25 mm ist ein offenes Baumaß mit ±0,5 mm Toleranz. Dann wird die Breite der Grundplatte gemessen. Sie sei 95,61 mm. Die Summe der Zeichnungsmaße beträgt 25 + 12,98 + 23,15 + 9,56 + 25 = 95,69 mm. Das Abweichen vom Zeichnungsmaß in Höhe von 0,08 liegt innerhalb der Toleranz von ±0,5 mm und ist darum zulässig.

$$
\begin{aligned}
\text{Die linke Oberplatte sei} &= 38{,}05 \text{ mm} \\
\text{die rechte Oberplatte} &= 34{,}88 \text{ ,,} \\
\text{das Lehrmaß soll werden} &= 23{,}15 \text{ ,,} \\
\hline
\text{Summe} &\quad 96{,}08 \text{ mm} \\
\text{die Grundplatte abgezogen} &- 95{,}61 \text{ ,,} \\
\text{Folglich Schleifzugabe für 2 Oberplatten} &= 0{,}47 \text{ mm;} \\
\text{Schleif- u. Läppzugabe für 1 Oberplatte also} &= 0{,}235 \text{ mm.}
\end{aligned}
$$

Linke Oberplatte = 38,050 mm,   rechte Oberplatte = 34,880 mm
Schleifzugabe ab — 0,230 ,,   Schleifzugabe ab — 0,230 mm
     = 37,820 ,,   = 34,650 ,,
Läppzugabe ab — 0,005 ,,   Läppzugabe ab — 0,005 ,,
Fertigmaß   = 37,815 mm   Fertigmaß   = 34,645 mm

37,815 + 34,645 + 23,15 = 95,610 mm. Das entspricht dem Maße der Grundplatte.

Fertigmaß der linken Mittelplatte = 37,815 — 12,98 = 24,835 mm;

Fertigmaß der rechten Mittelplatte = 34,645 — 9,56 = 25,085 mm.

Dazu tritt das Läppmaß 0,005 mm. Linke Mittelplatte also *vor* dem Läppen 24,84 mm; rechte Mittelplatte *vor* dem Läppen 25,09 mm.

Nachdem auch von den Mittelplatten die Läppzugabe fortgeläppt worden ist, kann die Lehre zusammengeschraubt und gestiftet werden. Die Paßstifte müssen ebenfalls gehärtet, geschliffen und geläppt sein. Sie müssen so in die Stiftlöcher eingepaßt werden, daß sie, mit Vaseline eingerieben, bei kräftigem Daumendruck schon bis zur Hälfte hineingehen und nur noch mit ganz leichten Hammerschlägen nachgetrieben zu werden brauchen. Paßt man einen geläppten Stift zu fest ein, so saugt er sich so an, daß er nur mit schweren Hammerschlägen wieder herauszubekommen ist. Dabei wird dann meistens das Werkstück beschädigt.

35. Das Läppen von Gewindelehrwerkzeugen. Die Gewinde-Lehrwerkzeugherstellung überläßt man am besten den Sonderfirmen, die hierin größere Erfahrungen besitzen. Eine Gewindeschleifmaschine ist heute für die Vorarbeit unerläßlich. Dort, wo sie nicht vorhanden ist, stört der Einfluß des Härteverzuges ungemein.

a) Das Läppen des *Gewindedornes*. Der Gewindedorn wird möglichst aus härteverzugsfreiem Werkstoff mit Schleifzugabe hergestellt, wie im Abschnitt 18 (S. 38) beschrieben wurde. Es gehört eine tadellose Drehbank dazu, die keine Steigungsfehler hat. Anschließend werden gleich einige Läppringe (Abb 82) aus feinkörnigem Grauguß oder weichem Eisen mit angefertigt. Ist eine Gewindeschleifmaschine vorhanden, so wird ein Läppring genügen, andernfalls werden 6 bis 7 Stück benötigt. Der Läppring erhält dieselbe Form wie der zylindrische Läppring Abb. 82; seinen Querschnitt s. Abb. 83. Zum Läppen des Dornes wird der Ring auf diesen aufgeschraubt, mit Läppmasse versehen, und dann läßt man ihn hin und her laufen. Der Läppring muß die Länge des Gewindelehrdornes haben und soll nicht mehr als ein Drittel über den zu läppenden Dorn herüberlaufen. Dabei darf der Läppring nur soweit angespannt werden, daß die Hand genügt, ihn zu halten und zu bewegen. Das Läppen erfolgt mit feinstem Läppmittel, das in kleinsten Mengen mit Petroleum unter Zusatz wenig fetten Öles aufgebracht wird. Um starke Erwärmungen zu vermeiden, darf die Bewegung nur langsam sein. Zum Läppen der Gewinde eignen sich alte, verbrauchte Drehbänke, denen man eine Schaltung anbaut, daß sie links und rechts laufen können. Wiederholtes Prüfen des Flankendurchmessers mit einer Feinmeßschraublehre und mit Gewindemeßdrähten oder mit einem nach Parallel-Endmaßen eingestellten Fühlhebel zeigt den Fortgang der Arbeit an. Kleine Fehler des Profiles lassen sich durch wiederholtes Umkehren des Läppringes ausgleichen.

Geschnittene Lehrdorne erfordern des nicht zu vermeidenden Härteverzuges wegen im Flankendurchmesser eine größere Maßzugabe. Da der Läppring den Werkstoff hier ungleichmäßig fortzunehmen hat, leidet leicht seine Formtreue. Unter Umständen sind ein zweiter und dritter Läppring nötig, um ein fehlerfreies Werkstück zu erhalten. Zeigt sich ein größerer Härteverzug, dann ist die Herstellung eines neuen Werkstückes meist mit weniger Zeitaufwand verbunden als die vielleicht doch nutzlos durchgeführte Läpparbeit mit mehreren verdorbenen Läppwerkzeugen. Nur ein geeigneter Stahl, möglichst für Ölhärtung, der vor der Feinbearbeitung spannungsfrei geglüht wurde, sollte hier Verwendung finden.

b) Das Läppen des *Gewindelehrringes*. Ein Gewindelehrring kann nach dem Härten nur auf einer Gewindeschleifmaschine geschliffen oder geläppt werden. Zum Läppen gebraucht man 5 bis 6 Läppdorne und mindestens 3 Paßdorne, die meistens stufenweise hergestellt werden: 1. Stufe, Durchmesser 0,3 mm kleiner, für den Dreher (Abb. 88a), 2. Stufe 0,02 ··· 0,03 mm unter Prüfmaß zum Vorpassen (b), 3. Stufe Prüfmaß (c). Der Läppdorn wird genau wie der Läppring einmal ganz bis zur Bohrung und zweimal bis dicht an die Bohrung eingesägt, um ihn durch Eintreiben des Kegeldornes spannen zu können (Abb. 89 u. 90). Den Läppdorn würde man in die Maschine spannen und den Lehrring mit der Hand halten. Öfteres Auswaschen mit Petroleum oder Benzin und Einpassen des

Prüfdornes sind unerläßlich, wenn das Gewinde bereits blank geläppt ist. In manchen Fällen macht man den Gewindelehrring verstellbar, so daß er nach Abnutzung etwas zusammengedrückt und nachgeläppt werden kann (Abb. 91).

Als Arbeitslehren für Schrauben verwendet man jedoch meistens die Aggralehre, die sich wie eine Rachenlehre gebrauchen läßt. Sie besteht aus dem Rahmen

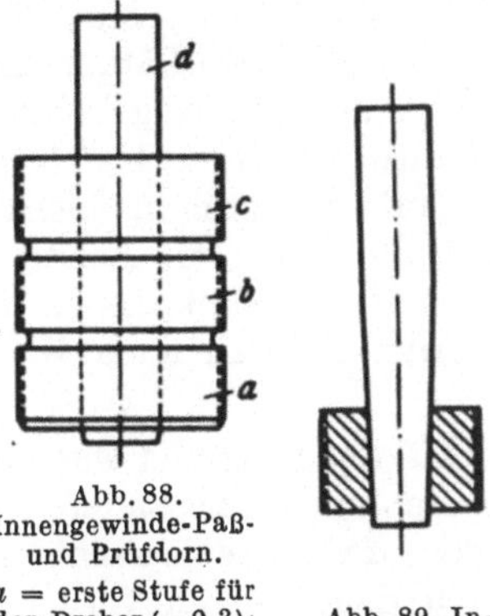

Abb. 88. Innengewinde-Paß- und Prüfdorn.

a = erste Stufe für den Dreher (—0,3); b = Vorpassung (—0,03); c = Prüfmaß (±0); d = Handgriff.

Abb. 89. Innengewinde-Läppwerkzeug (Spreizdorn).

Abb. 90. Spreizbarer Gewindering zu Abb. 89 zum Läppen von Innengewinde.

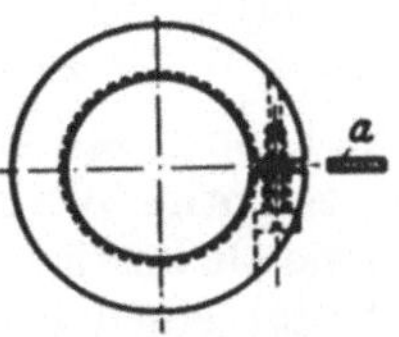

Abb. 91. Nachstellbarer Gewindelehrring.

a = Paßstück.

und zwei Gewinderollen, die in exzentrischen Buchsen gelagert sind, so daß das gewünschte Maß eingestellt werden kann (Abb. 92).

36. Das Läppen der Kegellehren. Über das Läppen zylindrischer Rundteile wurde bereits geschrieben. Schwieriger ist es, den geschliffenen Mantel eines Kegels so zu bearbeiten, daß eine Feinmeßfläche entsteht. Die einfachste Art einen Kegel zu läppen, wäre, den fertiggeschliffenen Kegel mit einer Gußleiste zu bearbeiten, bis die Schleifriefen fort sind. Ist der Kegel sehr genau geschliffen, so mag diese Bearbeitungsweise genügen; ist er jedoch irgendwie unrund, ballig oder hohl, so ist sie unbrauchbar. Um etwaige Unebenheiten eines Kegels zu beseitigen, dreht man ihn zwischen zwei stillstehenden Körnerspitzen so langsam wie nur möglich und bearbeitet ihn dabei mit einer in einem Schwalbenschwanz geführten Gußleiste, die entweder mit der Hand oder maschinell so schnell wie möglich in Richtung des Mantels über den Kegel hin und her gleitet (Abb. 93). Die dazu notwendige Vorrichtung wird auf dem Werkzeugschlitten der

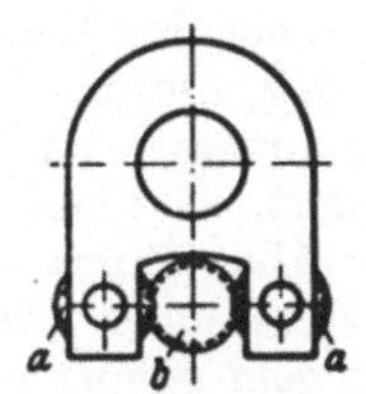

Abb. 92. Schema der Aggralehre.
a = Meßrollen; b = Werkstück (Schraube).

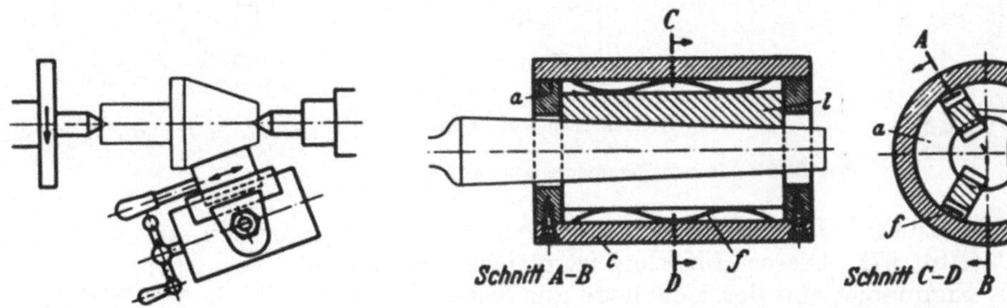

Abb. 93. Läppeinrichtung für Kegel.

Abb. 94. Läppvorrichtung für schlanke Kegel.
a = Läppleistenhalter; l = Läppleisten; f = Federn; c = Außenzylinder

Drehbank nach dem Kegel ausgerichtet und festgespannt. Die Läppleiste bewegt sich in einer Führung hin und her. Mittels der Schlittenspindel kann man mit leichtem, gleichmäßigem Druck gegen das Werkstück fahren. An unebenen Stellen wird die Läppleiste etwas stärker drücken und diese Stellen glätten. Findige Handwerker werden sich die Vorrichtung nach eigenen Ideen selbst so bauen, daß sie maschinell angetrieben werden kann, sei es mittels Exzenters, Kipphebels, Kurbel o. dgl. Schlanke Kegel kann man auch mit einer 2- oder besser 3teiligen Läppvorrichtung polieren (Abb. 94). Der Läppleistenhalter wird etwa 5 mm größer gebohrt als der größte Durchmesser des Kegels beträgt. In den Halter a werden 3 Schlitze eingefräst, die die Läppleisten l aufnehmen. Über den Halter setzt man einen zweiten Zylinder c, der die Blatt- oder Spiraldruckfedern f, die hinter die Leisten gelegt werden, hält. Der Federdruck wird die Läppleisten immer sanft gegen das sich drehende Werkstück bringen. Nicht nur Kegeldorne, sondern auch Kegelringe sind auf diese Weise zu bearbeiten.

37. Das Läppen von Werkstücken, die nach dem Härten gesprengt werden. Sehr häufig ist es nötig, Werkstücken in noch weichem Zustande eine andere Form zu geben, als sie als Fertigstück haben sollen, um sie vor Härterissen zu schützen oder um überhaupt einen bestimmten Arbeitsgang nach dem Härten vornehmen zu können. So soll z. B. eine Lehre nach Abb. 95 angefertigt werden. In diesem Falle läßt man die Scheibe voll, da nach dem Härten bei der angegebenen Form weder die Bohrung von 19,45 mm noch der Außendurchmesser von 70 mm bearbeitet werden könnten. Man dreht die Lehre mit Schleifzugabe vor und bohrt den Winkel von 85° 4′ ab, wie Abb. 96 zeigt. Jetzt wird die Lehre gehärtet und wie eine volle Scheibe bearbeitet. Nachdem dann Bohrung und Außendurchmesser geschliffen und geläppt worden sind, wird der abgebohrte Teil vorsichtig herausgesprengt. Man schleift erst mit einer dünnen Schleifscheibe die noch haltenden Wandungen zwischen den Bohrlöchern von beiden Seiten ein, dann genügt meistens ein leichter Schlag, um das Stück auszubrechen. Man prüft nochmals Bohrung und Außendurchmesser, da es vorkommt, daß ein Stück sich nach dem Heraussprengen verändert. Hat sich die Lehre erweitert, so muß sie mit leichten Schlägen an den in der Abb. 96 mit — — — bezeichneten Stellen zusammengedengelt werden; hat sie sich verengert, dengelt man sie an den mit $+ + +$ bezeichneten Stellen. Zum Dengeln gehört allerdings etwas Erfahrung. Man macht es mit der Bahn eines 100 g schweren Hammers, dessen Schlagfläche sehr hart und sauber poliert ist. Die Lehre muß fest aufliegen, damit keine Prellschläge entstehen. Um den Winkel

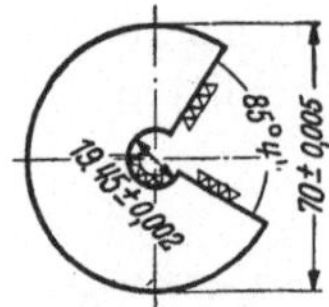

Abb. 95. Sonderlehre (Fertigmaß).

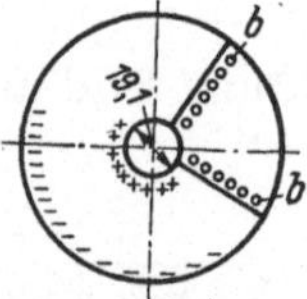

Abb. 96. Herstellschema der Lehre Abb. 95.
$b =$ Bohrlöcher zum Heraussprengen des Keilstückes.

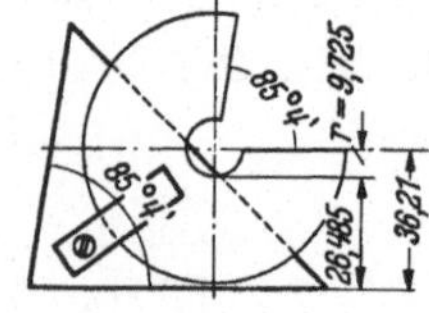

Abb. 97. Spannvorrichtung zum Schleifen des Winkels 85° 4′.

von 85° 4′ zu schleifen, macht man sich einen Hilfsklotz, gegen den man die Lehre spannt (Abb. 97). Dieser Hilfsklotz ist gleichzeitig eine Meßvorrichtung, da man mittels Endmaßen von der Meßplatte aus feststellen kann, ob die Meßfläche auf Mitte liegt. Nehmen wir das festgestellte Maß 26,485 mm an, das mittels Paßdorn und Endmaß bestimmt wird, so würden wir für die Meßfläche 26,485 + 9,725 mm (Halbmesser der Bohrung) = 36,21 mm von der Meßplatte aus brauchen; + 0,01 mm Läppzugabe = 36,22 mm.

F. Einige Winke für die Praxis.

38. Mikrometerschraube nachläppen. Werden die Meßflächen eines Mikrometers ballig oder sind sie abgenutzt, so ist es nicht nötig, sie der Herstellungsfirma einzuschicken. Man kann sie selbst in wenigen Stunden in einfacher Weise auf neu nachläppen. Man schleift 5 kleine Gußstückchen parallel und auf Maß von 0,1 mm Unterschied zwischen den Stücken; also 1 Stück 5 mm, 1 Stück 5,1 mm, das nächste 5,2 mm, das folgende 5,3 mm und das letzte 5,4 mm. Man könnte auch jedes andere Maß wählen, nur die Abstufung 0,1 muß eingehalten werden. Die äußere Form der Stücke kann beliebig sein, sagen wir im Durchmesser 20 mm. Diese Stückchen lädt man auf dem Läppklotz an beiden Seiten gut mit Läppmasse auf und klemmt sie sanft so in die Feinmeßschraube, daß man sie leicht zwischen Daumen und Zeigefinger bewegen kann. Die Feinmeßschraube klemmt man zwischen Pappbacken in den Schraubstock. Nun wird abwechselnd mit jedem der Stückchen einige Minuten geläppt, bis beide Meßflächen des Mikrometers wieder gerade, parallel und auf Hochglanz poliert sind. Es wird einleuchten, daß die Flächen parallel werden müssen, da die Meßspindel bei jedem Wechseln der Läppstücke um $^1/_5$ Umdrehung weitergedreht wird. Nachdem die Meßflächen fertig sind, stellt man die Trommel wieder auf 0 ein.

Bei Feinmeßschrauben, die mit Hartmetallplättchen versehen sind (z. B. Widia oder Böhlerit) muß zum Läppen Diamantstaub genommen werden, da gewöhnlicher Schmirgelstaub das Hartmetall nur schwärzt, aber nicht angreift. Diamantstaub ist ein ideales Läppmittel, ist leider aber zu kostbar, um für alle Fälle Verwendung zu finden. Es wird ausschließlich für Hartmetalle benutzt.

39. Winkelprüfsäule. Der genaue Winkel ist für den Präzisionsarbeiter unerläßlich. Um Winkel zu jeder Zeit auf ihre Genauigkeit von 90 Grad prüfen zu können, sollte in jeder Werkstatt eine Winkelprüfsäule vorhanden sein. Diese besteht aus einer gehärteten, geschliffenen und geläppten zylindrischen Säule, deren Standfläche in der gleichen Einspannung des zylindrischen Schleifens gestirnt wurde. Diese Säule, auf eine ebene Platte gestellt, wird genau lotrecht sein und jede Ungenauigkeit eines rechten Winkels sofort anzeigen. Um vollständig sicher zu gehen, hält man den zu prüfenden Winkel auf beiden Seiten der Säule an. Sollte die Säule aus irgendwelchen Gründen schief stehen, so wäre das sofort zu erkennen.

40. Das Ätzen. Lehrwerkzeuge sollten stets erst nach endgültiger Fertigstellung beschriftet werden. Es besteht zwar die Möglichkeit, die Kennzeichen vor dem Härten durch Einschlagen von Hand anzubringen; doch fehlt dann meist die Regelmäßigkeit des Schriftbildes. Andererseits wird bei Härteverzug das Schriftbild zum Teil herausgeschliffen; ferner können Spannungen auftreten, die zu Rißbildungen führen, wenn das Werkstück vor dem Härten nicht noch einmal spannungsfrei geglüht wurde.

Zur Beschriftung erhält die mit Schlämmkreide entfettete Fläche einen Ätzgrundauftrag. Dieser besteht aus einer Mischung von 20 % Asphalt mit 80 % Bienenwachs, wird auf 80 Grad erhitzt und dann auf das auf gleiche Temperatur erwärmte Werkstück mit einem weichen, breiten Pinsel aufgetragen. Man kann auch einen schnell trocknenden Ätzlack, der aus 35 % Asphalt, 15 % Bienenwachs und 50 % Benzol als Lösungsmittel besteht, kalt mit dem Pinsel auftragen.

Die Bezeichnung erfolgt auf der Graviermaschine oder einem Schreibpantographen. Ist eine derartige Einrichtung nicht vorhanden, so kann man die Schrift mit einer stark abgerundeten Reißnadel, die der bequemen Handhabung wegen in einem Federhalter steckt, eingraben. Es ist nur darauf zu achten, daß, wie beim

Schreiben, der Schriftbildweg nur einmal befahren wird, weil sonst Doppeleinritzungen entstehen. Als Ätzmittel verwendet man eine Lösung von 30 % konzentrierter Salpetersäure in 70 % Wasser. Damit die Ätzflüssigkeit nicht vom Werkstück herunterläuft, umrahmt man wallartig die beschriftete Fläche mit einem Wachsrand, den man aus 50 % Erdwachs, 10 % Paraffin, 40 % Bienenwachs herstellt. Das in der Hand stengelförmig geknetete Wachs wird auf die Ätzgrundfläche aufgedrückt. In einfachen Fällen genügt das Auflegen eines Löschblattes, das mit dem Ätzmittel angefeuchtet wird. Auch durch Anrühren des Ätzmittels mit Kieselgur läßt sich ein dünner Brei herstellen, der nicht so leicht verläuft. Die Ätzung ist in 1—2 Min. beendet. Es wird dann mit reinem Wasser abgespült, mit Soda zur Neutralisierung nachgewaschen und der Ätzgrund mit Petroleum oder Benzin entfernt, nochmal mit Wasser nachgespült, gut abgetrocknet und eingefettet.

41. Die Herstellung von Formlehren bereitet in der Praxis erhebliche Schwierigkeiten. Die Formlehrenschleifmaschine[1] überträgt das in 50facher Vergrößerung aufgezeichnete Profil mittels Pantograph auf das Werkstück, wobei die Schleifstelle durch ein Mikroskop beobachtet wird. Das so erzeugte Profil ist formgenau, muß aber gegebenenfalls noch geläppt werden.

Die Maschine hat einen so großen Hub, daß sie auch zum Herstellen von Formmessern geeignet ist, z. B. für schräge Nuten oder für Formnuten in Dampfturbinenrädern, die mit Formstählen gedreht und mit Formlehren nachgemessen werden müssen, weil die Formstähle durch das Nachschärfen kleiner werden. Man fertigt die Lehre und den Formstahl nach derselben Zeichnung.

Eine andere Formlehrenschleifmaschine[2] arbeitet mit einem elektrisch beleuchteten Schaubild. Die vergrößert erscheinende Zeichnung wird durch Betätigen eines Handrades abgefahren.

Viele Formlehren können ihrer Größe wegen nicht auf Formlehrenschleifmaschinen hergestellt werden. Man fertigt sie von Hand, jedoch müssen die Anrißlinien dabei feiner und genauer sein als bei gewöhnlichen Werkstücken. Deshalb bestreicht man das anzureißende Stück mit Kupfervitriol und erhält so eine gute Zeichenfläche, auf der mit ganz spitzer Reißnadel ganz feine Striche zu ziehen sind (vgl. auch Werkstattbuch Heft 3 „Anreißen").

Ein neues Verfahren der McDonnwell Aircraft Corp., St. Louis, USA, zum Anzeichnen umfangreicher Werkstücke, besonders im Flugzeubgau, benutzt als Originale mit Bleistift vorgezeichnete und dann mit spitzem Stahlgriffel nachgezogene, dabei aber noch radierbare Zeichnungen aus Vinylfolie, die mit einer gelben Kunststoffgrundierung versehen ist. Das Werkstück wird mit schwarzem Lack und darüber mit einer lichtempfindlichen Schicht bespritzt, dann legt man die Zeichnung darauf und belichtet. Danach wird das Stück mit einer Lösung von 2% Natriumkarbonat in warmem Wasser abgewaschen, und es bleibt nun, da die Lackunterschicht schwarz war, die haarscharfe Zeichnung ganz fein geätzt und klar sichtbar auf dem Metall. (Die Umschau 1950, Heft 24, S. 760.)

Unter Anlehnung an das Gewindeschleifen kann man vorbearbeitete Formlehren sehr genau und sauber mittels profilierter Schleifscheiben fertigschleifen, die durch Abziehdiamanten geformt werden. Da solche Formlehren meist für die Massenfertigung und daher in größerer Anzahl gebraucht werden, ist der Schleifscheibenverbrauch, der bei diesem Verfahren entsteht, wirtschaftlich tragbar.

42. Kreisbogenabziehvorrichtung. Die Notwendigkeit, genaue Kreisbögen auszuschleifen, findet sich im Lehrenbau öfter. Nachfolgend wird ein Weg gezeigt,

---

[1] Beschreibung siehe: Die Werkzeugmaschine Jg. 1933, S. 319. Hersteller: Ludwig Loewe & Co., Berlin NW 87, und Fa. Studer, Thurn (Schweiz).
[2] Hersteller: Ultra-Präzisionswerk, Aschaffenburg.

eine Vorrichtung zum Abziehen von Schleifscheiben nach bestimmten Halbmessern selbst anzufertigen.

a) **Selbstanfertigung einer Kreisbogenabziehvorrichtung.** Dem erfahrenen Feinstarbeiter wird es gelingen, sich nach der folgenden Anleitung eine einfache Abziehvorrichtung selbst anzufertigen, die aber vollständig genügt, ein-

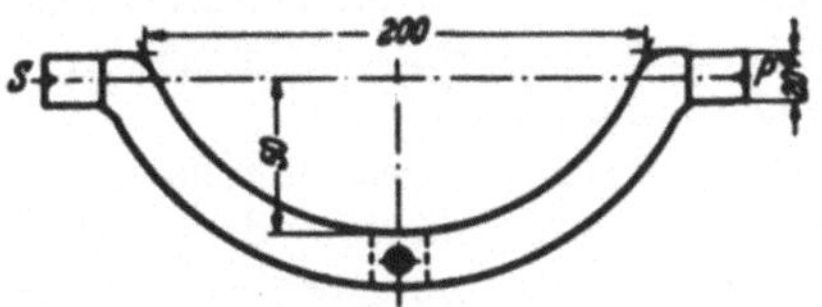

Abb. 98.
Bügel zur Kreisbogenabziehvorrichtung.
SP = Achse.

Abb. 99.
Kreisbogenabziehvorrichtung Abb. 98.
s = Schleifscheibe; *m* = Magnetplatte;
a = Endmaße.

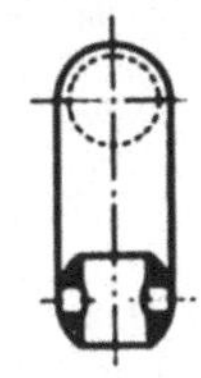

Abb. 100.
Querschnitt
des Bügels.

fache Radiuslehren zu schleifen. Wie bei allen Feinstarbeiten muß man natürlich auch hier alle Sorgfalt und Sauberkeit beachten. Man biegt ein Stück Rundstahl von 22 mm Durchmesser nach Abb. 98. Die beiden Zapfen werden zentriert und auf 20,4 mm Durchmesser angedreht. Der Bügel erhält genau in der Mitte ein Loch zur Aufnahme eines Handdiamanten, der von je einer Schraube (besser je 2) an jeder Seite gehalten wird. Das Aufnahmeloch für den Handdiamanten macht man um etwa 1 mm größer als den Durchmesser des Diamanthalters, um durch die Schrauben ein genaues Einstellen zu ermöglichen. Hierauf härtet man das Stück, um es widerstandsfähig zu machen und schleift dann die beiden Zapfen auf genau 20 mm Durchmesser. Dann wird der Bügel an den beiden Seitenflächen auf Umschlag geschliffen (Abb. 99). Den Querschnitt zeigen Abb. 100 u. 101. Da auf Umschlag geschliffen wurde, haben beide Flächen gleichen Abstand zu den Zentrierbohrungen der auf 20 mm Durchmesser geschliffenen Zapfen.

b) **Anwendung dieser Kreisbogen-schleifvorrichtung.** Mit diesem Bügel kann man Schleifscheiben für jeden gewünschten Halbmesser bis zu 50 mm hohl (konkav) oder ballig (konvex) abziehen. Zunächst muß die Diamantspitze genau auf Mitte eingestellt

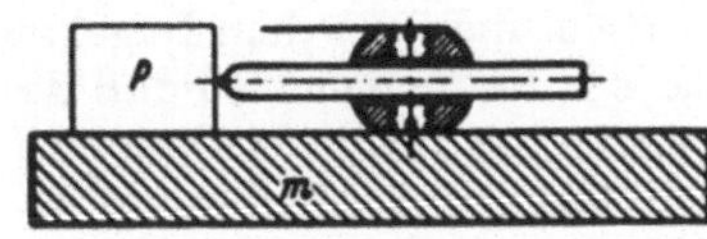

Abb. 101. Einstellen der Diamantspitze
auf Mitte.
m = Magnetspannplatte; *P* = Prüfstück.

werden. Die angeschliffenen Flächen dienen dabei als Auflage auf der Meßplatte (Abb. 101). Mit dem Diamanten wird an einem Prüfstück *P* ein Riß gezogen. Dann dreht man den Bügel um, um aus dieser neuen Lage wieder einen Riß an dem Prüfstück zu ziehen. Decken sich beide Risse, so steht der Stab auf Mitte. Im anderen Falle muß er durch die Schrauben so lange verstellt werden, bis sich die beiden Risse decken.

Nun kann man die Diamantspitze auf den verlangten Halbmesser einstellen, und zwar auf Länge und gewünschte Form, für hohle oder erhabene Formung der Schleifscheibe:

1. Wir stellen die Diamantspitze so ein, daß sie die Verbindungsachse, die von den Mittelpunkten der beiden Zapfen gezogen wird (*SP* in Abb. 98), berührt (Abb. 102). Schwingt man jetzt den Bügel, so bleibt die Diamantspitze dauernd in dem Mittelpunkt der Schwingungsachse (*M* in Abb. 102).

2. Liegt die Diamantspitze jedoch *unter* der Verbindungslinie der Zapfen (Abb. 103), so wird beim Schwingen des Bügels die zu bearbeitende Schleifscheibe

(*s*) eine gewölbte Form erhalten. Der Halbmesser dieser Wölbung ist gleich dem Abstande des Mittelpunktes der Schwingungsbahn (*M*) von der Diamantspitze.

Abb. 102.		Abb. 103.		Abb. 104.

Abb. 102..104. Einstellen der Diamantspitze auf den verlangten Halbmesser. (Schematische Darstellung.)

3. Liegt die Diamantspitze *über* der Verbindungslinie (Abb. 104), so erhält die zu bearbeitende Schleifscheibe *s* beim Schwingen des Bügels eine hohle (konkave) Form. Der Radius entspricht wiederum der Entfernung des Mittelpunktes der Schwingungsbahn (*M*) von der Diamantspitze.

Die Einstellung des Diamanthalters auf die geforderte *Länge* erläutert die Abb. 105.

Soll z. B. eine Schleifscheibe mit einem Radius von 36 mm gewölbt (konvex) geformt werden, so muß der Abstand von *M* bis *S* 36 mm betragen, also

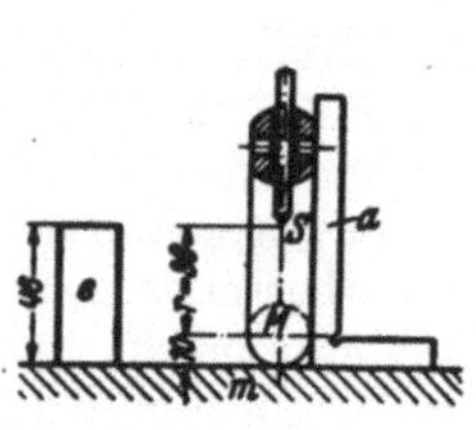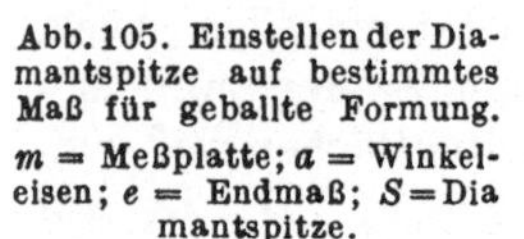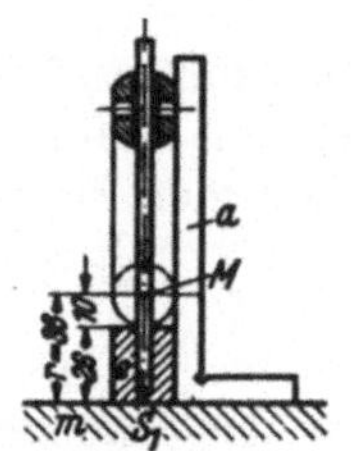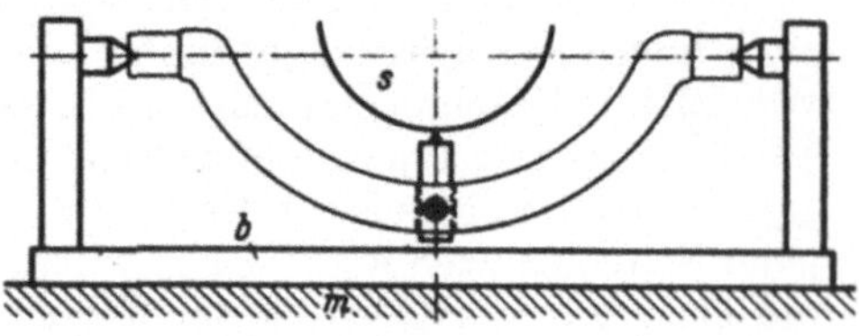

Abb. 105. Einstellen der Diamantspitze auf bestimmtes Maß für geballte Formung.

m = Meßplatte; *a* = Winkeleisen; *e* = Endmaß; *S* = Diamantspitze.

Abb. 106. Einstellen der Diamantspitze auf bestimmtes Maß für hohle Formung.

*S*₁ = Diamantspitze.

Abb. 107. Aufnahme der Abziehvorrichtung in einem Spitzenbock.

m = Magnetspannplatte; *b* = Spitzenbock; *s* = Schleifscheibe.

in Richtung nach dem Bügel zu! Zu diesem Maß kommen dann noch 10 mm Halbmesser des Zapfens, so daß das Endmaß 46 mm beträgt. — Soll aber die Schleifscheibe mit einem Halbmesser von 36 mm hohl (konkav) geformt werden, so muß der Abstand von *M* bis *S*₁ (Abb. 106) ebenfalls 36 mm betragen, aber nicht von *M* aus nach dem Bügel zu, sondern in entgegengesetzter Richtung. Es sind demnach 2 Stück Endmaße von je 26 mm unter die Bügelachsen zu legen, und der Diamanthalter ist so weit zu verlängern, bis die Diamantspitze auf der Meßplatte ruht.

Ist so der genaue Halbmesser eingestellt worden, nimmt man die Vorrichtung in einem Spitzenbock auf und formt die Schleifscheibe durch Schwingung des Bügels (Abb. 107).

Tabelle 1. Winkelfunktionen.

Gr	Mi	sin	tg		
0	0	0,0000	0f0000	60	
	10	0,0029	0,0029	50	
	20	0,0058	0,0058	40	
	30	0,0087	0,0087	30	
	40	0,0116	0,0116	20	
	50	0,0145	0,0145	10	
	60	0,0175	0,0175	0	89
1	0	0,0175	0,0175	60	
	10	0,0204	0,0204	50	
	20	0,0233	0,0233	40	
	30	0,0262	0,0262	30	
	40	0,0291	0,0291	20	
	50	0,0320	0,0320	10	
	60	0,0349	0,0349	0	88
2	0	0,0349	0,0349	60	
	10	0,0378	0,0378	50	
	20	0,0407	0,0407	40	
	30	0,0436	0,0437	30	
	40	0,0465	0,0466	20	
	50	0,0494	0,0495	10	
	60	0,0523	0,0524	0	87
3	0	0,0523	0,0524	60	
	10	0,0552	0,0553	50	
	20	0,0581	0,0582	40	
	30	0,0610	0,0612	30	
	40	0,0640	0,0641	20	
	50	0,0669	0,0670	10	
	60	0,0698	0,0699	0	86
4	0	0,0698	0,0699	60	
	10	0,0727	0,0729	50	
	20	0,0756	0,0758	40	
	30	0,0785	0,0787	30	
	40	0,0814	0,0816	20	
	50	0,0843	0,0846	10	
	60	0,0872	0,0875	0	85
5	0	0,0872	0,0875	60	
	10	0,0901	0,0904	50	
	20	0,0929	0,0934	40	
	30	0,0958	0,0963	30	
	40	0,0987	0,0992	20	
	50	0,1016	0,1022	10	
	60	0,1045	0,1051	0	84
6	0	0,1045	0,1051	60	
	10	0,1074	0,1080	50	
	20	0,1103	0,1110	40	
	30	0,1132	0,1139	30	
	40	0,1161	0,1169	20	
	50	0,1190	0,1198	10	
	60	0,1219	0,1228	0	83
7	0	0,1219	0,1228	60	
	10	0,1248	0,1257	50	
	20	0,1276	0,1287	40	
	30	0,1305	0,1317	30	
	40	0,1334	0,1346	20	
	50	0,1363	0,1376	10	
	60	0,1392	0,1405	0	82
		cos	ctg	Mi	Gr

Gr	Mi	sin	tg		
8	0	0,1392	0,1405	60	
	10	0,1421	0,1435	50	
	20	0,1449	0,1465	40	
	30	0,1478	0,1495	30	
	40	0,1507	0,1524	20	
	50	0,1536	0,1554	10	
	60	0,1564	0,1584	0	81
9	0	0,1564	0,1584	60	
	10	0,1593	0,1614	50	
	20	0,1622	0,1644	40	
	30	0,1650	0,1673	30	
	40	0,1679	0,1703	20	
	50	0,1708	0,1733	10	
	60	0,1736	0,1763	0	80
10	0	0,1736	0,1763	60	
	10	0,1765	0,1793	50	
	20	0,1794	0,1823	40	
	30	0,1822	0,1853	30	
	40	0,1851	0,1883	20	
	50	0,1880	0,1914	10	
	60	0,1908	0,1944	0	79
11	0	0,1908	0,1944	60	
	10	0,1937	0,1974	50	
	20	0,1965	0,2004	40	
	30	0,1994	0,2035	30	
	40	0,2022	0,2065	20	
	50	0,2051	0,2095	10	
	60	0,2079	0,2126	0	78
12	0	0,2079	0,2126	60	
	10	0,2108	0,2156	50	
	20	0,2136	0,2186	40	
	30	0,2164	0,2217	30	
	40	0,2193	0,2247	20	
	50	0,2221	0,2278	10	
	60	0,2250	0,2309	0	77
13	0	0,2250	0,2309	60	
	10	0,2278	0,2339	50	
	20	0,2306	0,2370	40	
	30	0,2334	0,2401	30	
	40	0,2363	0,2432	20	
	50	0,2391	0,2462	10	
	60	0,2419	0,2493	0	76
14	0	0,2419	0,2493	60	
	10	0,2447	0,2524	50	
	20	0,2476	0,2555	40	
	30	0,2504	0,2586	30	
	40	0,2532	0,2617	20	
	50	0,2560	0,2648	10	
	60	0,2588	0,2679	0	75
15	0	0,2588	0,2679	60	
	10	0,2616	0,2711	50	
	20	0,2644	0,2742	40	
	30	0,2672	0,2773	30	
	40	0,2700	0,2805	20	
	50	0,2728	0,2836	10	
	60	0,2756	0,2867	0	74
		cos	ctg	Mi	Gr

Gr	Mi	sin	tg		
16	0	0,2756	0,2867	60	
	10	0,2784	0,2899	50	
	20	0,2812	0,2931	40	
	30	0,2840	0,2962	30	
	40	0,2868	0,2994	20	
	50	0,2896	0,3026	10	
	60	0,2924	0,3057	0	73
17	0	0,2924	0,3057	60	
	10	0,2952	0,3089	50	
	20	0,2979	0,3121	40	
	30	0,3007	0,3153	30	
	40	0,3035	0,3185	20	
	50	0,3062	0,3217	10	
	60	0,3090	0,3249	0	72
18	0	0,3090	0,3249	60	
	10	0,3118	0,3281	50	
	20	0,3145	0,3314	40	
	30	0,3173	0,3346	30	
	40	0,3201	0,3378	20	
	50	0,3228	0,3411	10	
	60	0,3256	0,3443	0	71
19	0	0,3256	0,3443	60	
	10	0,3283	0,3476	50	
	20	0,3311	0,3508	40	
	30	0,3338	0,3541	30	
	40	0,3365	0,3574	20	
	50	0,3393	0,3607	10	
	60	0,3420	0,3640	0	70
20	0	0,3420	0,3640	60	
	10	0,3448	0,3673	50	
	20	0,3475	0,3706	40	
	30	0,3502	0,3739	30	
	40	0,3529	0,3772	20	
	50	0,3557	0,3805	10	
	60	0,3584	0,3839	0	69
21	0	0,3584	0,3839	60	
	10	0,3611	0,3872	50	
	20	0,3638	0,3906	40	
	30	0,3665	0,3939	30	
	40	0,3692	0,3973	20	
	50	0,3719	0,4006	10	
	60	0,3746	0,4040	0	68
22	0	0,3746	0,4040	60	
	10	0,3773	0,4074	50	
	20	0,3800	0,4108	40	
	30	0,3827	0,4142	30	
	40	0,3854	0,4176	20	
	50	0,3881	0 4210	10	
	60	0,3907	0 4245	0	67
23	0	0,3907	0 4245	60	
	10	0,3934	0 4279	50	
	20	0,3961	0 4314	40	
	30	0,3987	0 4348	30	
	40	0,4014	0,4383	20	
	50	0,4041	0,4417	10	
	60	0,4067	0,4452	0	66
		cos	ctg	Mi	Gr

Tabelle 1. Winkelfunktionen (Fortsetzung).

Gr	Mi	sin	tg		
24	0	0,4067	0,4452	60	
	10	0,4094	0,4487	50	
	20	0,4120	0,4522	40	
	30	0,4147	0,4557	30	
	40	0,4173	0,4592	20	
	50	0,4200	0,4628	10	
	60	0,4226	0,4663	0	65
25	0	0,4226	0,4663	60	
	10	0,4253	0,4699	50	
	20	0,4279	0,4734	40	
	30	0,4305	0,4770	30	
	40	0,4331	0,4806	20	
	50	0,4358	0,4841	10	
	60	0,4384	0,4877	0	64
26	0	0,4384	0,4877	60	
	10	0,4410	0,4913	50	
	20	0,4436	0,4950	40	
	30	0,4462	0,4986	30	
	40	0,4488	0,5022	20	
	50	0,4514	0,5059	10	
	60	0,4540	0,5095	0	63
27	0	0,4540	0,5095	60	
	10	0,4566	0,5132	50	
	20	0,4592	0,5169	40	
	30	0,4617	0,5206	30	
	40	0,4643	0,5243	20	
	50	0,4669	0,5280	10	
	60	0,4695	0,5317	0	62
28	0	0,4695	0,5317	60	
	10	0,4720	0,5354	50	
	20	0,4746	0,5392	40	
	30	0,4772	0,5430	30	
	40	0,4797	0,5467	20	
	50	0,4823	0,5505	10	
	60	0,4848	0,5543	0	61
29	0	0,4848	0,5543	60	
	10	0,4874	0,5581	50	
	20	0,4899	0,5619	40	
	30	0,4924	0,5658	30	
	40	0,4950	0,5696	20	
	50	0,4975	0,5735	10	
	60	0,5000	0,5774	0	60
30	0	0,5000	0,5774	60	
	10	0,5025	0,5812	50	
	20	0,5050	0,5851	40	
	30	0,5075	0,5890	30	
	40	0,5100	0,5930	20	
	50	0,5125	0,5969	10	
	60	0,5150	0,6009	0	59
31	0	0,5150	0,6009	60	
	10	0,5175	0,6048	50	
	20	0,5200	0,6088	40	
	30	0,5225	0,6128	30	
	40	0,5250	0,6168	20	
	50	0,5275	0,6208	10	
	60	0,5299	0,6249	0	58
		cos	ctg	Mi	Gr

Gr	Mi	sin	tg		
32	0	0,5299	0,6249	60	
	10	0,5324	0,6289	50	
	20	0,5348	0,6330	40	
	30	0,5373	0,6371	30	
	40	0,5398	0,6412	20	
	50	0,5422	0,6453	10	
	60	0,5446	0,6494	0	57
33	0	0,5446	0,6594	60	
	10	0,5471	0,6536	50	
	20	0,5495	0,6577	40	
	30	0,5519	0,6619	30	
	40	0,5544	0,6661	20	
	50	0,5568	0,6703	10	
	60	0,5592	0,6745	0	56
34	0	0,5592	0,6745	60	
	10	0,5616	0,6787	50	
	20	0,5640	0,6830	40	
	30	0,5664	0,6873	30	
	40	0,5688	0,6916	20	
	50	0,5712	0,6959	10	
	60	0,5736	0,7002	0	55
35	0	0,5736	0,7002	60	
	10	0,5760	0,7046	50	
	20	0,5783	0,7089	40	
	30	0,5807	0,7133	30	
	40	0,5831	0,7177	20	
	50	0,5854	0,7221	10	
	60	0,5878	0,7265	0	54
36	0	0,5878	0,7265	60	
	10	0,5901	0,7310	50	
	20	0,5925	0,7355	40	
	30	0,5948	0,7400	30	
	40	0,5972	0,7445	20	
	50	0,5995	0,7490	10	
	60	0,6018	0,7536	0	53
37	0	0,6018	0,7536	60	
	10	0,6041	0,7581	50	
	20	0,6065	0,7627	40	
	30	0,6088	0,7673	30	
	40	0,6111	0,7720	20	
	50	0,6134	0,7766	10	
	60	0,6157	0,7813	0	52
38	0	0,6157	0,7813	60	
	10	0,6180	0,7860	50	
	20	0,6202	0,7907	40	
	30	0,6225	0,7954	30	
	40	0,6248	0,8002	20	
	50	0,6271	0,8050	10	
	60	0,6293	0,8098	0	51
39	0	0,6293	0,8098	60	
	10	0,6316	0,8146	50	
	20	0,6338	0,8195	40	
	30	0,6361	0,8243	30	
	40	0,6383	0,8292	20	
	50	0,6406	0,8342	10	
	60	0,6428	0,8391	0	50
		cos	ctg	Mi	Gr

Gr	Mi	sin	tg		
40	0	0,6428	0,8391	60	
	10	0,6450	0,8441	50	
	20	0,6472	0,8491	40	
	30	0,6494	0,8541	30	
	40	0,6517	0,8591	20	
	50	0,6539	0,8642	10	
	60	0,6561	0,8693	0	49
41	0	0,6561	0,8693	60	
	10	0,6583	0,8744	50	
	20	0,6604	0,8796	40	
	30	0,6626	0,8847	30	
	40	0,6648	0,8899	20	
	50	0,6670	0,8952	10	
	60	0,6691	0,9004	0	48
42	0	0,6691	0,9004	60	
	10	0,6713	0,9057	50	
	20	0,6734	0,9110	40	
	30	0,6756	0,9163	30	
	40	0,6777	0,9217	20	
	50	0,6799	0,9271	10	
	60	0,6820	0,9325	0	47
43	0	0,6820	0,9325	60	
	10	0,6841	0,9380	50	
	20	0,6862	0,9435	40	
	30	0,6884	0,9490	30	
	40	0,6905	0,9545	20	
	50	0,6926	0,9601	10	
	60	0,6947	0,9657	0	46
44	0	0,6947	0,9657	60	
	10	0,6967	0,9713	50	
	20	0,6988	0,9770	40	
	30	0,7009	0,9827	30	
	40	0,7030	0,9884	20	
	50	0,7050	0,9942	10	
	60	0,7071	1,0000	0	45
45	0	0,7071	1,0000	60	
	10	0,7092	1,0058	50	
	20	0,7112	1,0117	40	
	30	0,7133	1,0176	30	
	40	0,7153	1,0235	20	
	50	0,7173	1,0295	10	
	60	0,7193	1,0355	0	44
46	0	0,7193	1,0355	60	
	10	0,7214	1,0416	50	
	20	0,7234	1,0477	40	
	30	0,7254	1,0538	30	
	40	0,7274	1,0599	20	
	50	0,7294	1,0661	10	
	60	0,7314	1,0724	0	43
47	0	0,7314	1,0724	60	
	10	0,7333	1,0786	50	
	20	0,7353	1,0850	40	
	30	0,7373	1,0913	30	
	40	0,7392	1,0977	20	
	50	0,7412	1,1041	10	
	60	0,7431	1,1106	0	42
		cos	ctg	Mi	Gr

Tabelle 1. Winkelfunktionen (Fortsetzung).

Gr	Mi	sin	tg			Gr	Mi	sin	tg			Gr	Mi	sin	tg		
48	0	0,7431	1,1106	60		56	0	0,8290	1,4826	60		64	0	0,8988	2,0503	60	
	10	0,7451	1,1171	50			10	0,8307	1,4919	50			10	0,9001	2,0655	50	
	20	0,7470	1,1237	40			20	0,8323	1,5013	40			20	0,9013	2,0809	40	
	30	0,7490	1,1303	30			30	0,8339	1,5108	30			30	0,9026	2,0965	30	
	40	0,7509	1,1369	20			40	0,8355	1,5204	20			40	0,9038	2,1123	20	
	50	0,7528	1,1436	10			50	0,8371	1,5301	10			50	0,9051	2,1283	10	
	60	0,7547	1,1504	0	41		60	0,8387	1,5399	0	33		60	0,9063	2,1445	0	25
49	0	0,7547	1,1504	60		57	0	0,8387	1,5399	60		65	0	0,9063	2,1445	60	
	10	0,7566	1,1571	50			10	0,8403	1,5497	50			10	0,9075	2,1609	50	
	20	0,7585	1,1640	40			20	0,8418	1,5597	40			20	0,9088	2,1775	40	
	30	0,7604	1,1708	30			30	0,8434	1,5697	30			30	0,9100	2,1943	30	
	40	0,7623	1,1778	20			40	0,8450	1,5798	20			40	0,9112	2,2113	20	
	50	0,7642	1,1847	10			50	0,8465	1,5900	10			50	0,9124	2,2286	10	
	60	0,7660	1,1918	0	40		60	0,8480	1,6003	0	32		60	0,9135	2,2460	0	24
50	0	0,7660	1,1918	60		58	0	0,8480	1,6003	60		66	0	0,9135	2,2460	60	
	10	0,7679	1,1988	50			10	0,8496	1,6107	50			10	0,9147	2,2637	50	
	20	0,7698	1,2059	40			20	0,8511	1,6212	40			20	0,9159	2,2817	40	
	30	0,7716	1,2131	30			30	0,8526	1,6319	30			30	0,9171	2,2998	30	
	40	0,7735	1,2203	20			40	0,8542	1,6426	20			40	0,9182	2,3183	20	
	50	0,7753	1,2276	10			50	0,8557	1,6534	10			50	0,9194	2,3369	10	
	60	0,7771	1,2349	0	39		60	0,8572	1,6643	0	31		60	0,9205	2,3559	0	23
51	0	0,7771	1,2349	60		59	0	0,8572	1,6643	60		67	0	0,9205	2,3559	60	
	10	0,7790	1,2423	50			10	0,8587	1,6753	50			10	0,9216	2,3750	50	
	20	0,7808	1,2497	40			20	0,8601	1,6864	40			20	0,9228	2,3945	40	
	30	0,7826	1,2572	30			30	0,8616	1,6977	30			30	0,9239	2,4142	30	
	40	0,7844	1,2647	20			40	0,8631	1,7090	20			40	0,9250	2,4342	20	
	50	0,7862	1,2723	10			50	0,8646	1,7205	10			50	0,9261	2,4545	10	
	60	0,7880	1,2799	0	38		60	0,8660	1,7321	0	30		60	0,9272	2,4751	0	22
52	0	0,7880	1,2799	60		60	0	0,8660	1,7321	60		68	0	0,9272	2,4751	60	
	10	0,7898	1,2876	50			10	0,8675	1,7437	50			10	0,9283	2,4960	50	
	20	0,7916	1,2954	40			20	0,8689	1,7556	40			20	0,9293	2,5172	40	
	30	0,7934	1,3032	30			30	0,8704	1,7675	30			30	0,9304	2,5386	30	
	40	0,7951	1,3111	20			40	0,8718	1,7796	20			40	0,9315	2,5605	20	
	50	0,7969	1,3190	10			50	0,8732	1,7917	10			50	0,9325	2,5826	10	
	60	0,7986	1,3270	0	37		60	0,8746	1,8040	0	29		60	0,9336	2,6051	0	21
53	0	0,7986	1,3270	60		61	0	0,8746	1,8040	60		69	0	0,9336	2,6051	60	
	10	0,8004	1,3351	50			10	0,8760	1,8165	50			10	0,9346	2,6279	50	
	20	0,8021	1,3432	40			20	0,8774	1,8291	40			20	0,9356	2,6511	40	
	30	0,8039	1,3514	30			30	0,8788	1,8418	30			30	0,9367	2,6746	30	
	40	0,8056	1,3597	20			40	0,8802	1,8546	20			40	0,9377	2,6985	20	
	50	0,8073	1,3680	10			50	0,8816	1,8676	10			50	0,9387	2,7228	10	
	60	0,8090	1,3764	0	36		60	0,8829	1,8807	0	28		60	0,9397	2,7475	0	20
54	0	0,8090	1,3764	60		62	0	0,8829	1,8807	60		70	0	0,9397	2,7475	60	
	10	0,8107	1,3848	50			10	0,8843	1,8940	50			10	0,9407	2,7725	50	
	20	0,8124	1,3934	40			20	0,8857	1,9074	40			20	0,9417	2,7980	40	
	30	0,8141	1,4019	30			30	0,8870	1,9210	30			30	0,9426	2,8239	30	
	40	0,8158	1,4106	20			40	0,8884	1,9347	20			40	0,9436	2,8502	20	
	50	0,8175	1,4193	10			50	0,8897	1,9486	10			50	0,9446	2,8770	10	
	60	0,8192	1,4281	0	35		60	0,8910	1,9626	0	27		60	0,9455	2,9042	0	19
55	0	0,8192	1,4281	60		63	0	0,8910	1,9626	60		71	0	0,9455	2,9042	60	
	10	0,8208	1,4370	50			10	0,8923	1,9768	50			10	0,9465	2,9319	50	
	20	0,8225	1,4460	40			20	0,8936	1,9912	40			20	0,9474	2,9600	40	
	30	0,8241	1,4550	30			30	0,8949	2,0057	30			30	0,9483	2,9887	30	
	40	0,8258	1,4641	20			40	0,8962	2,0204	20			40	0,9492	3,0178	20	
	50	0,8274	1,4733	10			50	0,8975	2,0353	10			50	0,9502	3,0475	10	
	60	0,8290	1,4826	0	34		60	0,8988	2,0503	0	26		60	0,9511	3,0777	0	18
		cos	ctg	Mi	Gr			cos	ctg	Mi	Gr			cos	ctg	Mi	Gr

Tabelle 1. Winkelfunktionen (Fortsetzung).

Gr	Mi	sin	tg	Mi	Gr
72	0	0,9511	3,0777	60	
	10	0,9520	3,1084	50	
	20	0,9528	3,1397	40	
	30	0,9537	3,1716	30	
	40	0,9546	3,2041	20	
	50	0,9555	3,2371	10	
	60	0,9563	3,2709	0	17
73	0	0,9563	3,2709	60	
	10	0,9572	3,3052	50	
	20	0,9580	3,3402	40	
	30	0,9588	3,3759	30	
	40	0,9596	3,4124	20	
	50	0,9605	3,4495	10	
	60	0,9613	3,4874	0	16
74	0	0,9613	3,4874	60	
	10	0,9621	3,5261	50	
	20	0,9628	3,5656	40	
	30	0,9636	3,6059	30	
	40	0,9644	3,6470	20	
	50	0,9652	3,6891	10	
	60	0,9659	3,7321	0	15
75	0	0,9659	3,7321	60	
	10	0,9667	3,7760	50	
	20	0,9674	3,8208	40	
	30	0,9681	3,8667	30	
	40	0,9689	3,9136	20	
	50	0,9696	3,9617	10	
	60	0,9703	4,0108	0	14
76	0	0,9703	4,0108	60	
	10	0,9710	4,0611	50	
	20	0,9717	4,1126	40	
	30	0,9724	4,1653	30	
	40	0,9730	4,2193	20	
	50	0,9737	4,2747	10	
	60	0,9744	4,3315	0	13
77	0	0,9744	4,3315	60	
	10	0,9750	4,3897	50	
	20	0,9757	4,4494	40	
	30	0,9763	4,5107	30	
	40	0,9769	4,5736	20	
	50	0,9775	4,6382	10	
	60	0,9781	4,7046	0	12
		cos	ctg	Mi	Gr

Gr	Mi	sin	tg	Mi	Gr
78	0	0,9781	4,7046	60	
	10	0,9787	4,7729	50	
	20	0,9793	4,8430	40	
	30	0,9799	4,9152	30	
	40	0,9805	4,9894	20	
	50	0,9811	5,0658	10	
	60	0,9816	5,1446	0	11
79	0	0,9816	5,1446	60	
	10	0,9822	5,2257	50	
	20	0,9827	5,3093	40	
	30	0,9833	5,3955	30	
	40	0,9838	5,4845	20	
	50	0,9843	5,5764	10	
	60	0,9848	5,6713	0	10
80	0	0,9848	5,6713	60	
	10	0,9853	5,7694	50	
	20	0,9858	5,8708	40	
	30	0,9863	5,9758	30	
	40	0,9868	6,0844	20	
	50	0,9872	6,1970	10	
	60	0,9877	6,3138	0	9
81	0	0,9877	6,3138	60	
	10	0,9881	6,4348	50	
	20	0,9886	6,5606	40	
	30	0,9890	6,6912	30	
	40	0,9894	6,8269	20	
	50	0,9899	6,9682	10	
	60	0,9903	7,1154	0	8
82	0	0,9903	7,1154	60	
	10	0,9907	7,2687	50	
	20	0,9911	7,4287	40	
	30	0,9914	7,5958	30	
	40	0,9918	7,7704	20	
	50	0,9922	7,9530	10	
	60	0,9925	8,1443	0	7
83	0	0,9925	8,1443	60	
	10	0,9929	8,3450	50	
	20	0,9932	8,5555	40	
	30	0,9936	8,7769	30	
	40	0,9939	9,0098	20	
	50	0,9942	9,2553	10	
	60	0,9945	9,5144	0	6
		cos	ctg	Mi	Gr

Gr	Mi	sin	tg	Mi	Gr
84	0	0,9945	9,5144	60	
	10	0,9948	9,7882	50	
	20	0,9951	10,078	40	
	30	0,9954	10,385	30	
	40	0,9957	10,712	20	
	50	0,9959	11,059	10	
	60	0,9962	11,430	0	5
85	0	0,9962	11,430	60	
	10	0,9964	11,826	50	
	20	0,9967	12,251	40	
	30	0,9969	12,706	30	
	40	0,9971	13,197	20	
	50	0,9974	13,727	10	
	60	0,9976	14,301	0	4
86	0	0,9976	14,301	60	
	10	0,9978	14,924	50	
	20	0,9980	15,605	40	
	30	0,9981	16,350	30	
	40	0,9983	17,169	20	
	50	0,9385	18,075	10	
	60	0,9986	19,081	0	3
87	0	0,9986	19,081	60	
	10	0,9988	20,206	50	
	20	0,9989	21,470	40	
	30	0,9990	22,904	30	
	40	0,9992	24,542	20	
	50	0,9993	26,432	10	
	60	0,9994	28,636	0	2
88	0	0,9994	28,636	60	
	10	0,9995	31,242	50	
	20	0,9996	34,368	40	
	30	0,9997	38,188	30	
	40	0,9997	42,964	20	
	50	0,9998	49,104	10	
	60	0,9998	57,290	0	1
89	0	0,99985	57,290	60	
	10	0,99989	68,750	50	
	20	0,99993	85,940	40	
	30	0,99996	114,59	30	
	40	0,99998	171,89	20	
	50	0,99999	343,77	10	
	60	1,00000	∞	0	0
		cos	ctg	Mi	Gr

SPRINGER-VERLAG / BERLIN · GÖTTINGEN · HEIDELBERG

Werkstückspanner. (Vorrichtungen.) Von **Karl Schreyer,** Oberingenieur in Berlin. Mit 1100 Bildern und 22 Tafeln im Text. VIII, 382 Seiten. 1949. Ganzleinen DMark 36.—

Werkzeugspanner. (Werkzeughalter.) Von **Karl Schreyer,** Oberingenieur in Berlin. Mit 865 Bildern und 24 Zahlentafeln im Text. Etwa 320 Seiten. In Vorbereitung

Der Vorrichtungsbau. Von **Heinrich Mauri,** Hamburg.

1. Teil: **Einteilung, Einzelheiten und konstruktive Grundsätze.** F ü n f t e , neubearbeitete, erweiterte und verbesserte Auflage des vorher von F. K l a u t k e † bearbeiteten Heftes. Mit 315 Abbildungen im Text und 1 Tabelle. 65 Seiten. 1950. DMark 3.60

2. Teil: **Typische Einzelvorrichtungen, Bearbeitungsbeispiele mit Reihen planmäßig konstruierter Vorrichtungen.** F ü n f t e Auflage. In Vorbereitung

3. Teil: **Wirtschaftliche Herstellung und Ausnutzung der Vorrichtungen.** D r i t t e , neubearbeitete und erweiterte Auflage des vorher von F. K l a u t k e † bearbeiteten Heftes. Mit 124 Abbildungen im Text. 62 Seiten. 1946. DMark 3.60
(Werkstattbücher für Betriebsangestellte, Konstrukteure und Facharbeiter. Herausgeber: Dr.-Ing. H. Haake, Hamburg, Heft 33, 35 u. 42.)

Schnitt-, Stanz- und Ziehwerkzeuge. Unter besonderer Berücksichtigung der Werkzeugstähle und Normung mit zahlreichen Konstruktions- und Berechnungsbeispielen. Von Dozent Dr.-Ing. habil. **Gerhard Oehler** und Oberingenieur **Fritz Kaiser.** Mit 226 Abbildungen. VII, 272 Seiten. 1949. Ganzleinen DMark 18.—

Praktische Stanzerei. Ein Buch für Betrieb und Büro mit Aufgaben und Lösungen. Von **Eugen Kaczmarek,** Dozent an der Ingenieurschule Gauß, Berlin. D r i t t e , erweiterte und verbesserte Auflage.
E r s t e r   B a n d : **Schneiden und Stanzen** mit den dazugehörenden Werkzeugen und Maschinen. Mit 209 Textabbildungen. VIII, 176 Seiten. 1949. DMark 13.50
Z w e i t e r   B a n d : **Ziehen, Hohlstanzen, Pressen, automatische Zuführ-Vorrichtungen.** Mit 175 Textabbildungen. VII, 165 Seiten. 1949. DMark 13.50

Toleranzen und Lehren. Von Dr.-Ing. **Paul Leinweber.** F ü n f t e Auflage. Mit 147 Abbildungen im Text VI, 138 Seiten. 1948. DMark 8.40

Gewinde. Normen, Berechnung, Fertigung, Toleranzen, Messen. Leichtfaßliche Darstellung für Studium, Büro und Werkstatt. Von Dr.-Ing. **Paul Leinweber.** Mit 203 Abbildungen und zahlreichen Gewindetabellen. VIII, 294 Seiten. 1951.
Ganzleinen DMark 19.50

Normungszahlen. Von Dr.-Ing. **Otto Kienzle,** Professor an der Technischen Hochschule Hannover. (Wissenschaftliche Normung. Schriftenreihe, herausgegeben in Verbindung mit dem Seminar für Technische Normung an der Technischen Hochschule Hannover von Professor Dr.-Ing. **O. Kienzle.** Band 2.) Mit 149 Abbildungen und 79 Zahlentafeln im Text. XII, 339 Seiten. 1950. DMark 22.50; Ganzleinen 25.50

Z u   b e z i e h e n   d u r c h   j e d e   B u c h h a n d l u n g

SPRINGER-VERLAG / BERLIN · GÖTTINGEN · HEIDELBERG

Das Schleifen und Polieren der Metalle. Von Dr.-Ing. **O. Werkmeister,** Pforzheim. (Werkstattbücher für Betriebsangestellte, Konstrukteure und Facharbeiter. Herausgeber: Dr.-Ing. H. Haake, Hamburg, Heft 5.) V i e r t e , umgearbeitete Auflage des zuerst von Dr.-Ing. B. B u x b a u m verfaßten Heftes. Mit 3 Textabbildungen. 64 Seiten. 1947.
DMark 3.60

Spitzenloses Schleifen. Von Obering. **W. Hofmann,** Hannover. (Werkstattbücher für Betriebsangestellte, Konstrukteure und Facharbeiter. Herausgeber: Dr.-Ing. H. Haake, Hamburg, Heft 97.) Mit 99 Abbildungen im Text. 54 Seiten. 1950. DMark 3.60

Werkzeugschleifen. Von Ing. **A. Rottler.** (Werkstattbücher für Betriebsangestellte, Konstrukteure und Facharbeiter. Herausgeber: Dr.-Ing. H. Haake, Hamburg, Heft 94.) Mit 134 Abbildungen im Text. 60 Seiten. 1949. DMark 3.60

Läppen. Von Dr.-Ing. **Hans H. Finkelnburg.** (Werkstattbücher für Betriebsangestellte, Konstrukteure und Facharbeiter. Herausgeber: Dr.-Ing. H. Haake, Hamburg, Heft 105.) Mit 100 Abbildungen. Etwa 64 Seiten. In Vorbereitung

---

Klingelnberg Technisches Hilfsbuch. Herausgegeben von Baurat Dipl.-Ing. **Ernst Preger** †, Frankfurt a. M. und Dipl.-Ing. **Rudolf Reindl,** Jena. Z w ö l f t e , überarbeitete Auflage von Schuchardt & Schüttes Technisches Hilfsbuch. Mit zahlreichen Abbildungen und Zahlentafeln. VIII, 762 Seiten. 1944. DMark 15.—; Halbleinen DMark 18.—

Handbuch für Maschinenarbeiter. Von Dr.-Ing. **Siegfried Werth,** Industrieberater, Düsseldorf. Z w e i t e , erweiterte Auflage. Mit 117 Abbildungen. VI, 130 Seiten. 1950.
Steif geheftet DMark 6.60

Was ist Stahl? Einführung in die Stahlkunde für Jedermann. Von Leopold Scheer. A c h t e Auflage. Mit 49 Abbildungen und einer Tafel. VI, 107 Seiten. 1949.
DMark 5.70

Werkstattstechnik und Maschinenbau. Organ der Arbeitsgemeinschaft Deutscher Betriebsingenieure und der Arbeitsgemeinschaft für fertigungstechnisches Meßwesen im VDI. Herausgeber: Professor Dr.-Ing. **O. Kienzle.** Monatlich ein Heft im Umfang von 32 Seiten DIN A 4. 41. Jahrgang, 1951. Vierteljährlich (3 Hefte). DMark 5.—

Z u   b e z i e h e n   d u r c h   j e d e   B u c h h a n d l u n g

(Fortsetzung 4. Umschlagseite)